SITZUNGSBERICHTE DER SÄCHSISCHEN AKADEMIE
DER WISSENSCHAFTEN ZU LEIPZIG

Mathematisch-naturwissenschaftliche Klasse
Band 109 · Heft 6

KURT SCHWABE

KONZENTRIERTE ELEKTROLYTLÖSUNGEN

THERMODYNAMISCHE UND KINETISCHE EIGENSCHAFTEN

AKADEMIE-VERLAG · BERLIN
1972

SITZUNGSBERICHTE DER SÄCHSISCHEN AKADEMIE
DER WISSENSCHAFTEN ZU LEIPZIG

Mathematisch-naturwissenschaftliche Klasse
Band 109 · Heft 6

KURT SCHWABE

KONZENTRIERTE ELEKTROLYTLÖSUNGEN

THERMODYNAMISCHE UND KINETISCHE EIGENSCHAFTEN

Mit 27 Abbildungen und 2 Tabellen

AKADEMIE-VERLAG · BERLIN
1972

Vorgetragen in der Sitzung vom 19. Januar 1970
Manuskript eingeliefert am 26. Februar 1971
Druckfertig erklärt am 18. April 1972

Erschienen im Akademie-Verlag GmbH, 108 Berlin, Leipziger Straße 3–4

Lizenznummer: 202 · 100/490/72
Gesamtherstellung: VEB Druckhaus „Maxim Gorki", DDR - 74 Altenburg
Bestellnummer: 2027/109/6 · ES 18 C 2
EDV-Nr.: 761 669 7
7,50
Printed in German Democratic Republic

INHALT

1. Einleitung

(Technische Bedeutung konzentrierter wäßriger Elektrolytlösungen)

Wenn in der Technik chemische Reaktionen in Lösung durchgeführt werden, so strebt man allgemein hohe Konzentrationen der reagierenden Stoffe an, um einen möglichst großen Stoffumsatz pro Volumeneinheit zu erzielen und damit die entsprechende Anlage optimal auszunutzen. Bei elektrochemischen Prozessen, wo die Umwandlung von Ionen oder Neutralmolekülen unter Einsatz oder Gewinnung von Elektroenergie erfolgt, ist außerdem der Energieverlust durch den Stromtransport in der Lösung um so geringer, je konzentrierter sie ist. Wegen seines hohen Lösungsvermögens und seines niedrigen Preises wird als Lösungsmittel fast ausschließlich Wasser verwendet.

Konzentrierte wäßrige Elektrolytlösungen spielen aber nicht nur in der chemischen Industrie eine wichtige Rolle, sie werden auch in vielen anderen Bereichen der Technik eingesetzt und viele biologische Lösungen enthalten Salze in Konzentrationen, die vom physikalisch-chemischen Standpunkt aus schon als konzentriert zu bezeichnen sind, d. h. die Zahl der aus dem Elektrolyten (Komponente 2) stammenden Ionen ist nicht mehr vernachlässigbar klein gegenüber der Zahl der Lösungsmittelmoleküle (Komponente 1, Wasser.)

Die Eigenschaften solcher konzentrierter Elektrolytlösungen, die für die Technik und Biologie von größter Bedeutung sind, lassen sich bisher nur in sehr beschränktem Umfang erklären. Dies ist zum Teil auch mit darauf zurückzuführen, daß die Struktur des flüssigen Wassers selbst noch keineswegs geklärt ist, obwohl sie seit Jahrzehnten mit immer neuen physikalischen und chemischen Methoden erforscht wird[1]).

Wenn das Molverhältnis des Wassers n_1 zu dem des Elektrolyten n_2 dagegen sehr groß ist, n_2/n_1 also gegen Null geht, kann man die Eigenschaften des Wassers als unverändert ansehen. Seine Wechselwirkung mit den Ionen des Elektrolyten kann vernachlässigt werden und man kann — wie P. Debye und W. Hückel gezeigt haben[2]) — aus der elektrostatischen Wechselwir-

---

[1]) Discussions Faraday Soc. **43** (1967)

[2]) P. Debye und W. Hückel, Physik. Z. **24** (1923), 185

kung zwischen positiven und negativen Ionen, deren Ladungssumme wegen der Elektroneutralitätsbedingung immer gleich sein muß, den für die thermodynamischen Eigenschaften der Ionen wichtigen Aktivitätskoeffizienten berechnen.

Unter den genannten Voraussetzungen hängt die darin zum Ausdruck kommende Wechselwirkungsenergie nur von der Gesamtkonzentration der Ionen und ihrer Ladungszahl, nicht aber von den individuellen Eigenschaften der Ionen ab. Deshalb kann man die Aktivitätskoeffizienten eines beliebigen Ions i aus seiner Ladungszahl z_i und der Ionenstärke J als Konzentrationsmaß berechnen.

$$- \log f_i = A\, z_i^2 \sqrt{J} \tag{1}$$

mit

$$J = 1/2 \sum_1^k c_i \cdot z_i^2 \quad i = 1, 2, \ldots, k \tag{2}$$

c_i = Konzentration des Ions i

Die Konstante A läßt sich aus der Dielektrizitätskonstanten des Lösungsmittels und der Temperatur berechnen.

Wegen der gleichzeitigen Anwesenheit von Kationen und Anionen lassen sich individuelle Aktivitätskoeffizienten f_i experimentell nicht einwandfrei bestimmen, wohl aber mittlere Aktivitätskoeffizienten $f_\pm$, die nach Gl. (3) definiert sind:

$$f_\pm = \sqrt[\nu]{f_+^{\nu_+} \cdot f_-^{\nu_-}} \tag{3}$$

ν_+ = Anzahl der Kationen des Elektrolyten

ν_- = Anzahl der Anionen

$\nu_+ + \nu_- = \nu$

f_+, f_- = Aktivitätskoeffizient des Kations bzw. Anions

Für $f_\pm$ ergibt sich nach der DEBYE-HÜCKEL-Theorie

$$- \log f_+ = A z_+ \cdot z_- \sqrt{J} \tag{4}$$

z_+, z_- = Ladungszahl des Kations bzw. Anions

Soweit die Voraussetzungen dieser Theorie erfüllt sind, ($J < 0{,}1$), stimmen die experimentellen Ergebnisse mit Gleichung (4) gut überein. Ähnliche

Beziehungen sind auch für andere der interionischen Wechselwirkung Rechnung tragende Korrekturfaktoren, z. B. den osmotischen, den Leitfähigkeitskoeffizienten usw. aufgestellt worden[3]).

Aus der Konzentration und den Aktivitätskoeffizienten ergeben sich die für alle thermodynamischen Berechnungen wichtigen chemischen Potentiale:

$$\mu_i = \mu_i^0 + RT \ln a_i = \mu_i^0 + RT \ln c_i f_i \quad (5)$$

$$\mu_{KA} = \mu_{KA}^0 + RT \ln a_{KA} = \mu_{KA}^0 + \nu RT \ln f_\pm \, \nu RT \ln c_\pm \quad (6)$$

mit

$$a_{KA} = a_{\pm KA}^{\nu} = f_\pm^{\nu} \cdot c_\pm^{\nu} \quad (7)$$

a_{KA} = Aktivität des Elektrolyten
$a_\pm$ = mittlere Aktivität
μ_i^0, μ_{KA}^0 = chemische Standardpotentiale für $c = 1$ und $f = 1$
R = Gaskonstante
T = absolute Temperatur
c_i = Konzentration (z. B. in mol/l)
$c_\pm$ = mittlere Konzentration

Der Summand $\nu RT \ln f_\pm$ ist der Anteil des chemischen Potentials, der auf Grund der Wechselwirkungen entgegengesetzt geladener Ionen im Elektrolyten zustandekommt; er wird als freie Überschuß- oder Excessenthalpie bezeichnet.

Die Debye-Hückel-Theorie ist ein Grenzgesetz für sehr verdünnte Elektrolytlösungen und liefert nur in diesem Bereich befriedigende Übereinstimmung mit dem Experiment (Abb. 1).

Für die praktisch wichtigen konzentrierten wäßrigen Lösungen gibt es trotz intensiver Bemühungen keine zufriedenstellenden und allgemeingültigen Erweiterungen dieser Theorie.

Bei der Elektrolyse zur Gewinnung von Chlor und Natronlauge oder z. B. in der Galvanotechnik liegen Konzentrationen von 3—10 mol/l oder 200 bis 500 g/l vor; selbst im lebenden Organismus haben wir es mit Konzentrationen weit außerhalb des Gültigkeitsbereiches der Debye-Hückel-Theorie zu tun. Über solche Lösungen und ihre thermodynamischen Eigenschaften gibt es zwar sehr viele Untersuchungen, die theoretische und quantitative Deutung ihres Verhaltens ist dagegen weitgehend ungeklärt, auch fehlen systematische experimentelle Untersuchungen.

---

[3]) vgl. z. B. H. Falkenhagen „*Elektrolyte*", S. Hirzel Verlag, Leipzig 1953

Es sollen hier nicht die vielfältigen Untersuchungsmethoden und einzelnen Ergebnisse besprochen werden, sondern vor allem die Gründe und prinzipiellen Schwierigkeiten, die der Aufstellung einer allgemeinen Theorie konzentrierter wäßriger Elektrolytlösungen im Wege stehen.

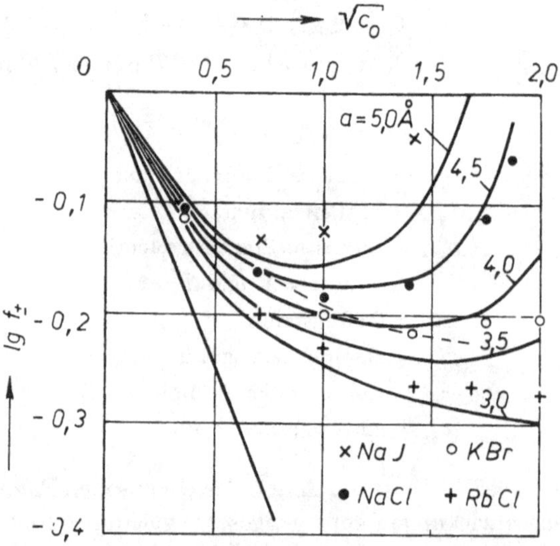

Abb. 1: Abweichung des Aktivitätskoeffizienten von Alkalihalogeniden vom DEBYE-HÜCKELschen Grenzgesetz

2. Schwierigkeiten bei der Untersuchung und theoretischen Behandlung konzentrierter wäßriger Elektrolytlösungen

2.1. Das Konzentrationsproblem

In thermodynamische Beziehungen, beispielsweise in Gl. 5 und 6, geht die Konzentration der Teilchen ein. Die Bestimmung der Konzentrationen der einzelnen Spezies i in einer Mischphase läuft aber auf eine Zählung dieser Spezies hinaus. Die klassischen analytischen Verfahren bestimmen die Konzentrationen aus der Gesamtmenge — z. B. aus den Einwaagen an Lösungsmittel (Komponente 1) und Elektrolyt KA (Komponente 2) — und zwar unabhängig davon, ob und in welchem Ausmaß der Elektrolyt Verbindungen mit dem Lösungsmittel bildet (Hydrate) oder mit sich selbst oder mit Teilen seiner selbst neue Verbindungen (Ionenpaare, Komplexe) eingeht.

In einer wäßrigen Lösung eines Elektrolyten $K_{\nu+}^{z+} A_{\nu-}^{z-}$ können folgende Gleichgewichte auftreten, wobei polynukleare Komplexe und solche mit dem Anion als Zentralion unberücksichtigt bleiben:

1. Komplexbildung mit dem Anion, z. B. $ZnCl_4^{2-}$, CdJ_{3-}, $HgBr^+$, $HgBr_4^{2-}$;

$$K^{z+} + a A^{z-} \rightleftharpoons [K A_a]^{(z_+ - az_-)} \; a = 1, 2, \ldots, n \quad (8)$$

Es können dabei neue Kationen mit verminderter Ladungszahl oder komplexe Anionen gebildet werden.

2. Hydratation des Kations:

$$K^{z+} + h_+ \, H_2O \rightleftharpoons [K(H_2O)_{h_+}]^{z+}, \; h_+ = 1, 2, \ldots, n \quad (9)$$

3. Hydratation des Anions:

$$A^{z-} + h_- \, H_2O \rightleftharpoons [A(H_2O)_{h-}]^{z-}, \; h_- = 1, 2, \ldots, m \quad (10)$$

4. Umsetzung eines hydratisierten Kations mit unhydratisierten Anionen

$$[K(H_2O)_{h_+}]^{z+} + a A^{z-} \rightleftharpoons \left[K\,(H_2O)_{(h_+ - a)}\, A_a\right]^{(z_+ - az_-)} + a \, H_2O$$
$$a = 1, 2, \ldots, n \quad (11)$$

Außerdem muß eventuell noch die Ionenpaarbildung zwischen hydratisierten Anionen und Kationen in Betracht gezogen werden.

Dadurch entsteht eine große Anzahl neuer Spezies, z. B. 15 für

$$\nu_+ = \nu_- = z_+ = z = 1 \quad \text{und} \quad a_n = 2, h_+, n = 4, h_-, m = 2$$

Zur genauen Kenntnis des Verhaltens der Elektrolytlösung ist es nötig, die Zahl — das heißt die Gleichgewichtskonzentration — aller Teilchen und ihre individuellen Aktivitätskoeffizienten zu wissen. Letztere sind aber ihrerseits Konzentrationsfunktionen aller Teilchenarten und daher selbst von den Gleichgewichten abhängig. Eine weitere Schwierigkeit ist, daß sich manche Teilchensorten wie z. B. teilhydratisierte Ionenpaare nach (4) mit den bis heute zur Verfügung stehenden Methoden nicht voneinander unterscheiden lassen.

Aus diesem Grunde und wegen der Unkenntnis individueller Aktivitätskoeffizienten (vgl. 2.3.) ist eine vollständige Einsicht in konzentrierte Elektrolytlösungen z. Z. nicht möglich.

2.2. *Der Bezugszustand*

In Gl. (5)

$$\mu_i = \mu_i^0 + RT \ln c_i f_i$$

ist μ_i^0 das chemische Standardpotential der Teilchenart i. Man wählt willkürlich als Bezugszustand den Zustand der reinen kondensierten Phase, der man fiktiv die Eigenschaften der ideal verdünnten Lösung zuschreibt:

$$\lim_{x_i \to 0} f_i = 1 \tag{12}$$

x_i = Molenbruch der Komponente i

Der auf diesen Zustand ($x_i \to 0$, $f_i = 1$) bezogene Aktivitätskoeffizient wird als rationaler Aktivitätskoeffizient bezeichnet. Neben den schwerer zugänglichen rationalen Aktivitätskoeffizienten finden die sogenannten praktischen Aktivitätskoeffizienten Verwendung; hier wird der fiktive Standardzustand dadurch erreicht, daß $c_i = 1$ und $f_i = 1$ gesetzt werden, wobei die beiden Konzentrationsmaße c_i (mol/l) und m_i (mol/kg Lösungsmittel) Verwendung finden. Je nach dem verwendeten Konzentrationsmaß sind die chemischen Standardpotentiale und die praktischen Aktivitätskoeffizienten verschieden, während natürlich die chemischen Potentiale gleich sein müssen.

Wir werden im folgenden den praktischen Aktivitätskoeffizienten $(f_i)_m$ verwenden mit dem Standardzustand $m = 1$ mol/kg, $f = 1$.

Das Standardpotential μ_i^0 ist konzentrationsunabhängig, dagegen abhängig von der Natur des Lösungsmittels. Es wird zur Berechnung von Aktivitäten aus chemischen Potentialen benötigt. Da in jedem Fall $f = 1$ für das Standardpotential gilt, bezieht es sich auf eine Lösung, die sich wie eine ideal verdünnte Lösung verhält, also ohne Wechselwirkung der gelösten Teilchen. Damit ist für diesen fiktiven Bezugszustand auch vorausgesetzt, daß das Lösungsmittel in unbegrenztem Überschuß zur Verfügung steht. Dagegen reicht in konzentrierten Lösungen u. U. das Wasser gar nicht mehr aus, um die im Bezugszustand vorliegende vollständige Hydratation von Teilchen ohne gegenseitige Wechselwirkung zu erfüllen. Die Teilchen und ihr Zustand in konzentrierten Lösungen können vollkommen anderer Art sein als im idealisierten Bezugszustand.

Wird folglich in Anwendung von Gl. (5) nach irgendeiner geeigneten Meßmethode die freie Überschußenthalpie ΔG^E ermittelt, so bleiben Aussagen über deren physikalische Natur und Ursache offen.

Für das Lösungsmittel (Wasser) wird vielfach als Bezugszustand die reine flüssige Phase verwendet, d. h. $x_1 = 1$, $f_1 = 1$. Wenn man die Aktivität des Wassers aus Dampfdruckmessungen nach $a_1 = p_1/p_1^0$ (p_1 = Dampfdruck des H_2O über der Lösung, p_1^0 = Dampfdruck des reinen Wassers bei der betr. Temp.) bestimmt hat und mit Hilfe der Gleichung von GIBBS-DUHEM

$$d \ln a_2 = -\frac{x_1}{x_2} d \ln a_1 \text{ bzw. } d \ln f_2 = -\frac{x_1}{x_2} d \ln f_1$$

berechnen will, muß man auf den gleichen Bezugszustand für beide Komponenten umrechnen.

2.3. Einzelionenaktivitätskoeffizienten

Wie aus Gleichung (6) hervorgeht, kann man aus dem chemischen Potential des Elektrolyten nicht die Aktivität der einzelnen Ionen, sondern nur seine bzw. die mittlere Aktivität ($a_{KA} = a_{\pm}^{\nu}$) bestimmen. Das chemische Potential eines Ions, das nach

$$\mu_+ = \mu_+^0 + RT \ln a_+ \text{ bzw. } \mu_- = \mu_-^0 + RT \ln a_- \quad (13)$$

mit der Einzelionenaktivität verknüpft ist, kann wegen der Elektroneutralitätsbedingung mit thermodynamischen Methoden nicht bestimmt werden und damit auch keine Einzelionenaktivitätskoeffizienten. Im DEBYE-HÜCKEL-Gebiet gilt zwar

$$\lg f_+ = -A z_+^2 \sqrt{J} \quad \text{bzw.} \quad \lg f_- = -A z_-^2 \sqrt{J}; \quad (14)$$

bei gleicher Ladungszahl sind also die Aktivitätskoeffizienten von Kation und Anion, unabhängig von ihren individuellen Eigenschaften, gleich. Das gilt aber sicher nicht in konzentrierten Lösungen, vor allem wegen der verschiedenen Ionenradien und der unterschiedlichen Wechselwirkung mit dem Wasser (s. sp.). Um die Einzelionenaktivitätskoeffizienten angeben zu können, muß man stets Annahmen machen, deren Richtigkeit thermodynamisch nicht streng zu beweisen ist. Wenn man von vornherein nicht thermodynamische, z. B. kinetische Methoden zu ihrer Bestimmung verwendet, hat man zu beweisen, daß die so erhaltenen Werte mit den nach (13) definierten identisch sind, was aber natürlich außerhalb des DEBYE-HÜCKEL-Gebietes nicht möglich ist.

Es ist demzufolge auch schwierig, theoretische Aussagen über die freie Überschußenthalpie einzelner Ionen experimentell nachzuprüfen.

2.4. Elektrolyt — Wasser — Wechselwirkung

In sehr verdünnten Lösungen kann man annehmen, daß alle Ionen mit dem im riesigen Überschuß vorhandenen Wasser bis zur Grenze der dafür verfügbaren Energie hydratisiert sind und trotzdem die Konzentration des

„freien“ Wassers nicht merklich verändert wird. In konzentrierten Lösungen wird aber der Anteil der durch Hydratation beanspruchten Wassermoleküle nicht mehr zu vernachlässigen sein und u. U. sogar größer als die in einer 1 molalen Lösung vorhandenen Mole Wasser (~55,5 Mol). Wenn ein Salz eine Gesamthydratationszahl von 12 hat, so benötigt es zur vollen Hydratation in einer 5 molalen Lösung mehr Wasser als vorhanden ist (60 Mol). Wenn man annimmt, daß das Hydratationswasser für die Lösung nicht mehr zur Verfügung steht, so erhöht sich natürlich dadurch die effektive Konzentration des Elektrolyten. Bei Kenntnis der Hydratationszahl kann man, wie R. H. STOKES und R. A. ROBINSON[4]), IKEDA[5]), E. GLUECKAUF[6]) u. a.[7]) gezeigt haben, diesen Konzentrationszuwachs bei der Berechnung des Aktivitätskoeffizienten berücksichtigen. Die dafür aufgestellten Gleichungen liefern bei geeigneter Wahl der Hydratationszahl, die ja nie genau bekannt ist, bis zu relativ hohen Konzentrationen (~2 m) manchmal recht gute Übereinstimmung mit dem experimentell bestimmten mittleren Aktivitätskoeffizienten; allerdings bleibt dies, wegen der Unsicherheit in der Hydratationszahl, ein halbempirisches Berechnungsverfahren. Die Berücksichtigung der Konzentrationszunahme durch Verbrauch von Wasser für die Hydratation ergibt bei einer Hydratationszahl H_i des Ions der Sorte i für den mittleren Aktivitätskoeffizienten

$$-\lg f_{\pm} = \frac{A z_{+} \cdot z_{-} \sqrt{J}}{1 + \mathrm{Ba} \sqrt{J}} - \lg \left[1 - (h - \nu) m_E \frac{M_1}{1000}\right] \quad (15)$$

Dabei folgt der erste Term aus der erweiterten DEBYE-HÜCKEL-Theorie[3]) mit den Konstanten A, B und a, wobei nur A und B theoretisch zugänglich sind. Im zweiten Term bedeuten $h = \sum \nu_i H_i$, ν_i = Zahl der Ionen der Sorte i, m_E ist die Molalität des Elektrolyten (wenn die Lösung verschiedene Elektrolyte enthält, muß die Summe ihrer Konzentrationen eingesetzt werden). M_1 ist die Molmasse des Wassers. h (und auch a) müssen dem Experiment angepaßt werden.

Die Wechselwirkung der Ionen mit dem Wasser verändert auch dessen Eigenschaften, seine Struktur, seine Dielektrizitätskonstante, seine Viskosität usw., die nun ihrerseits das thermodynamische und kinetische Verhalten

---

[4]) J. Amer. Chem. Soc. **70**, 1870 (1948). Trans. Farad. Soc. **53**, 351 (1957)

[5]) Bull. Chem. Soc. Jap. **24**, 101 (1951)

[6]) Trans. Farad. Soc. **51**, 1235 (1955); **53**, 305 (1957)

[7]) vgl. R. A. ROBINSON u. R. H. STOKES, „*Electrolyte Solutions*“, Butterworths, London 1959; M. LUCAS, Bull. Soc. chim. France **1967**, 2, 665; 10, 3842

des gelösten Elektrolyten bestimmen. Daher ist ohne eine sichere Kenntnis der Eigenschaften des Wassers in konzentrierten Elektrolytlösungen auch keine Voraussage über ihr Verhalten möglich.

3. Gesetzmäßigkeiten in konzentrierten Elektrolytlösungen

3.1. Aktivitätskoeffizienten in binären Systemen

Wenn man die mittleren Aktivitätskoeffizienten eines Elektrolyten entweder aus Kettenspannungen oder mit Hilfe der Gleichung von GIBBS-DUHEM aus der Aktivität des Wassers bestimmt, so findet man in Abhängigkeit vom Anion enorme Unterschiede bezüglich des Konzentrationsganges. Bei den Perchloraten der meisten leicht löslichen Salze findet man (nach Durchlaufen eines Minimums) einen steilen Anstieg von $f_{\pm}$ bis zur Sättigung. Bei 5,5 molaler $UO_2(ClO_4)_2$ erreicht $f_{\pm}$ den riesigen Wert von 1457 kg · mol^{-1} (Abb. 2). Bei den Sulfaten derselben Kationen fällt $f_{\pm}$ bis zu etwa 2 m sehr steil ab auf Werte von 0,03 –0,05 kg mol^{-1} und steigt dann bis zur Sättigung an, erreicht aber kaum Werte über 0,1 kg mol^{-1} (Abb. 3).

Bei Chloriden, die sehr stabile Komplexe vom Typ $A\ Cl^{n-}$ bilden, werden zum Teil noch kleinere mittlere Aktivitätskoeffizienten gefunden, z. B. nimmt der des $CdCl_2$ monoton ab[7]) und erreicht in 6 m Lösung einen Wert von 0,0263 kg mol^{-1} (25 °C). Die meisten dieser Werte sind über die Aktivität des Wassers nach der isopiestischen Methode gewonnen worden[8]). Dabei wird natürlich die Konzentration des Wassers (als Molenbruch) aus der Molzahl ($1000/M_1$) errechnet, ohne Rücksicht darauf, wieviel durch die Hydratation gebunden ist. Dadurch kann ein zu kleiner Aktivitätskoeffizient des Wassers und ein zu großer für den gelösten Elektrolyten errechnet werden. Wenn andererseits die Molalität des Elektrolyten m_2 aus der Einwaage Ew_2 errechnet wird: $m_2 = Ew_2/M_2$ (M_2 = Molmasse des Elektrolyten) und daraus die mittlere molale Konzentration $m_{\pm} = m_2 Q$; $Q = \sqrt[\nu]{\nu_+^{\nu_+} \nu_-^{\nu_-}}$, so erhält man aus der Aktivität $a_{\pm}$, die ja nun thermodynamisch exakt bestimmt werden kann, für den Aktivitätskoeffizienten höchstens dann einen richtigen Wert, wenn $m_{\pm}$ weder durch Ionenpaar- noch durch Komplexbildung verkleinert oder z. B. durch Hydrolyse vergrößert ist. Ist $m_{\pm w} < m_2 Q$, so wird ein zu kleiner Wert für $f_{\pm}$ gegenüber dem wahren Wert $f_{\pm w}$ gefunden, $f_{\pm} < f_{\pm w}$, das dürfte in erster Linie auf die Sulfate und einen Teil der Chloride

[8]) E. KÁLMÁN, G. HORN u. K. SCHWABE, Z. physik. Chem. **244**, 106 (1970); vgl. auch Z. LIBUS u. T. SADOWSKA, J. Physical Chemistry **73**, 3229 (1969).

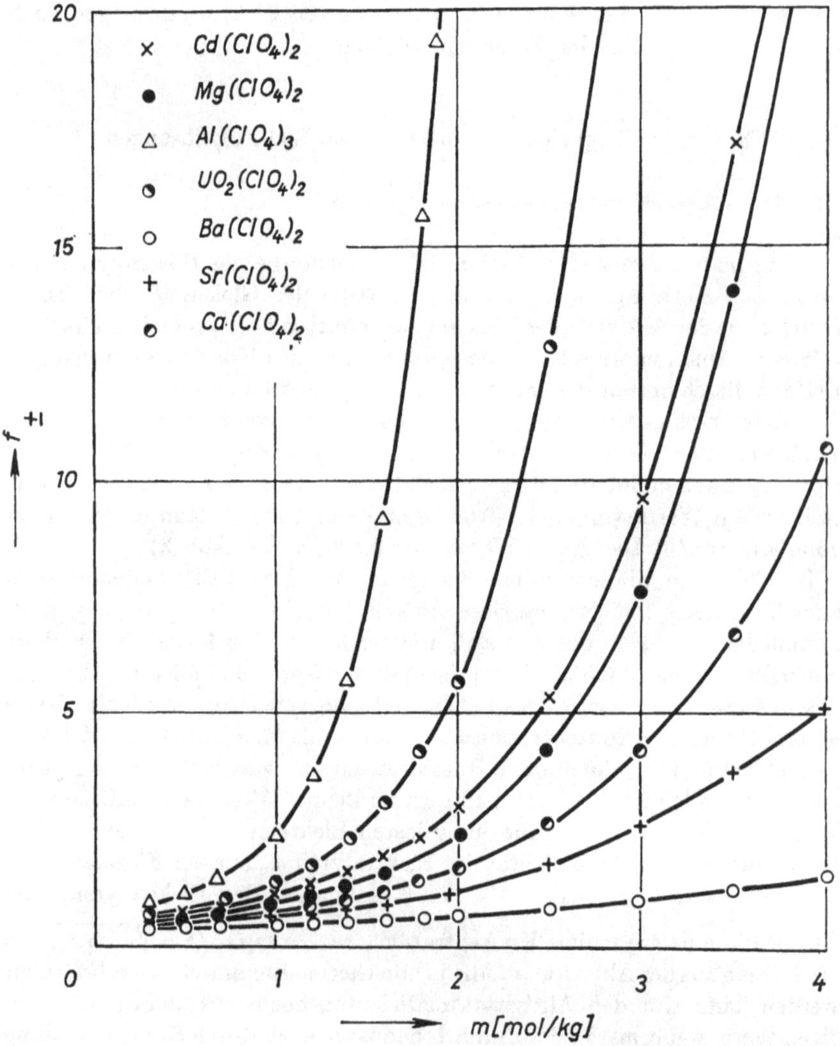

Abb. 2: Konzentrationsabhängigkeit des mittleren Aktivitätskoeffizienten $f_\pm$ für einige Perchlorate

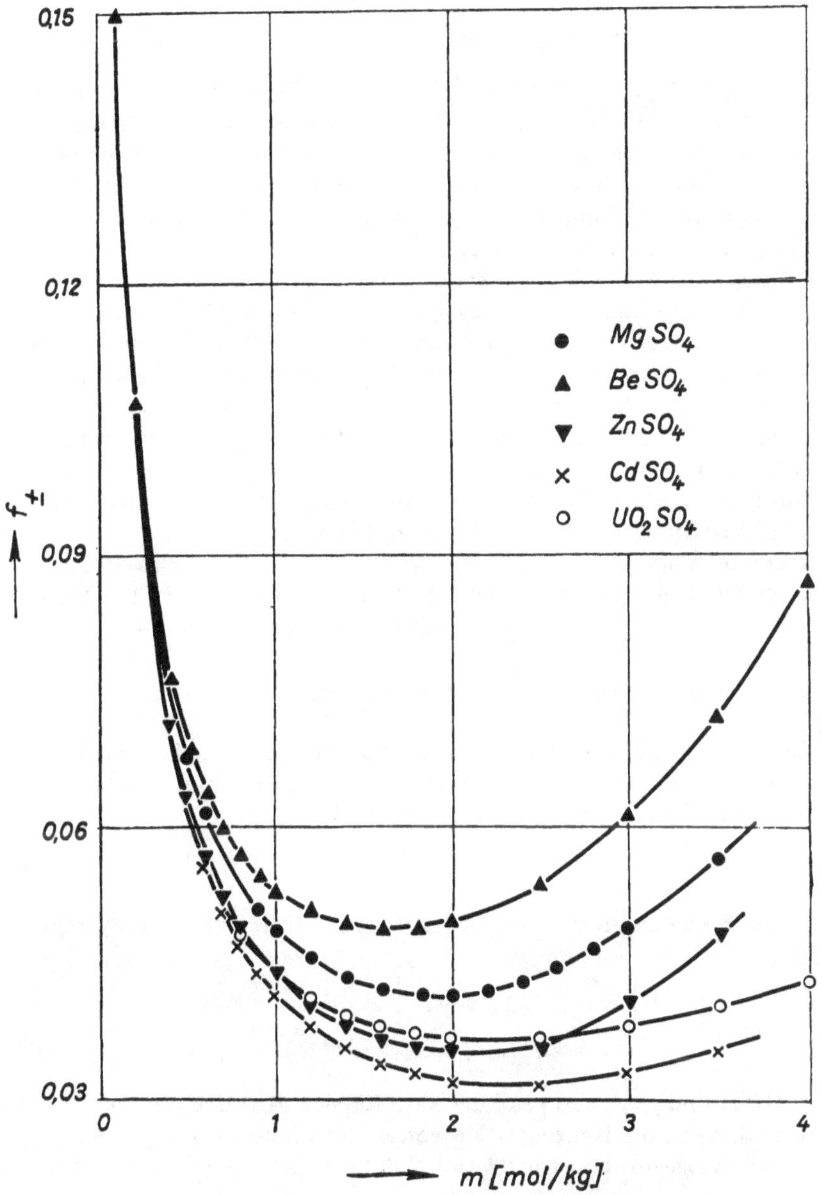

Abb. 3: Konzentrationsabhängigkeit des mittleren Aktivitätskoeffizienten $f_\pm$ für einige Sulphate

zutreffen. Ist $m_{2_w} > m_2 Q$, dann findet man für $f_\pm$ aus $\frac{a_2}{m_2 Q}$ zu große Werte $f_\pm > f_{\pm w}$, das könnte bei hydrolysierenden Schwermetallsalzen eine Rolle spielen, weil hier noch zusätzlich Wasserstoffionen entstehen. Die Methode der Aktivitätsbestimmung spielt dabei keine Rolle, die Koeffizienten sind nur über die Aktivität zugänglich. Wenn man allerdings über die GIBBS-DUHEM-Gleichung a_2 aus a_1 bestimmt, kann durch Hydratation, wie schon gesagt, und durch Hydrolyse Wasser verbraucht werden und damit $m_1 > m_{1w}$ sein, wodurch $f_\pm$ zusätzlich verfälscht wird.

Bei der Berechnung von Gleichgewichtsgrößen benötigt man nur die Aktivitäten. Sofern sie richtig bestimmt sind, verursachen also die Unsicherheiten in der Konzentration und damit in $f_\pm$ keinen Fehler. Wenn man aber die Aktivitätskoeffizienten in Abhängigkeit von der Konzentration physikalisch interpretieren will, müssen diese Fehler durch die Unkenntnis der Teilchenzahl beachtet werden.

Aus diesen Gründen ist eine allgemeine Aussage über Aktivitätskoeffizienten in konzentrierten Elektrolytlösungen kaum möglich.

Wenn man zwei verschiedene Elektrolyte gleichzeitig in Wasser löst, sind Gesetzmäßigkeiten gefunden worden, die zwar noch nicht voll verstanden werden, aber zum Teil praktische Bedeutung haben.

3.2. Aktivitätskoeffizienten in ternären Systemen

Schon vor vielen Jahren hat HARNED[9]) festgestellt, daß für wäßrige Lösungen zweier einfacher Elektrolyte mit gemeinsamem Anion, wenn ihre Gesamtkonzentration konstant gehalten wird:

$$m = m_2 + m_3 \tag{16}$$

folgende Beziehungen für die mittleren Aktivitätskoeffizienten $f_{\pm 2}$ und $f_{\pm 3}$ gelten

$$\lg f_{\pm 2} = \lg f_{\pm (0)2} + \alpha_2 m_2 = \lg f_{\pm (2)0} - \alpha_2 m_3 \tag{17}$$

$$\lg f_{\pm 3} = \lg f_{\pm (0)3} + \alpha_3 m_3 = \lg f_{\pm (3)0} - \alpha_3 m_2 \tag{18}$$

Dabei sind $f_{\pm (0)2}$ und $f_{\pm (0)3}$ die Aktivitätskoeffizienten des Elektrolyten 2 bzw. 3, wenn die Konzentration von 2 gegen Null geht, $f_{\pm (2)0}$ und $f_{\pm (3)0}$, wenn die Konzentration von 3 gegen Null geht. Die Koeffizienten α_2 bzw. α_3

[9]) H. S. HARNED u. B. B. OWEN, „*Physical Chemistry of Electrolytic Solutions*", Reinhold, New York, 1950 (s. auch 7) S. 438f.

sind nur von der Gesamtkonzentration m abhängig. Diese sog. HARNEDsche Regel hat sich in einigen Fällen bis zu relativ hohen Konzentrationen bestätigt ($m \leqq 2$), obwohl für diesen Konzentrationsbereich diese Gesetzmäßigkeit kaum theoretisch zu begründen sein dürfte.

Wir haben dem gegenüber ternäre Systeme untersucht, bei denen zu einem Elektrolyten mit kleiner, konstanter Konzentration ($m_2 = \text{konst} \ll m_3$) wachsende Mengen eines zweiten Elektrolyten (m_3) gesetzt wurden. Ausgangspunkt dafür waren sehr große pH-Verschiebungen in Säuren durch Neutralsalzzusatz. Gleichzeitig glauben wir bei diesem Vorgehen eher Aussagen über die Ursachen von Eigenschaftsänderungen machen zu können, weil man den Beitrag des Elektrolyten 2 zur Wechselwirkung weitgehend vernachlässigen kann.

Es ist schon lange bekannt, daß durch Salzzusatz zu Säuren oder Basen der $\text{pH} \equiv -\lg a_{\text{H}^+}$ beträchtlich verschoben werden kann[10]). Systematische Untersuchungen haben nun gezeigt[11]), daß bei Zusatz von Salzen zu Säuren konstanter Konzentration der pH-Wert linear mit der Salzkonzentration $m_s \equiv m_3$ fällt, $\lg f_{H^+}$ also linear steigt.

$$\text{pH} = \text{pH}_0 - K \cdot m_s \qquad (19)$$

pH_0 = pH-Wert ohne Salzzusatz.

Wegen der Konstanz der Säurekonzentration kann dafür auch geschrieben werden:

$$\lg f_{\text{H}^+} = \lg f_{h^+0} + K m_s \qquad (20)$$

Dabei ist aber vorausgesetzt, daß der pH-Wert mit dem negativen dekadischen Logarithmus der Wasserstoffionenaktivität identisch ist. Tatsächlich kann man aber a_{H^+} nicht exakt messen (s. S. 11). Bei der konventionellen, elektrometrischen Bestimmung des pH-Wertes kann dieser $-\log a_{\text{H}^+}$ nicht exakt entsprechen, weil dabei ein unbekanntes Diffusionspotential mitgemessen wird[12]). Wenn man eine Kette mit Überführung vom Typ

$$(\text{P}+)\,\text{H}_2/HA\,(m_A)\ \text{Ca} + An\,(m_s)//\ \text{K Cl}\,(m_b)\ \text{Hg}_2\text{Cl}_2\,(0)/\text{Hg}$$

verwendet, wobei Ca + An das zur Säure HA zugesetzte Salz sein soll, und $m_A \ll m_s \cong m_b$ ist, kann man damit rechnen, daß die Diffusionspotentiale klein sind gegenüber der durch den Salzzusatz hervorgerufenen Änderung

[10]) vgl. z. B. F. REIFF, Z. anorg. allg. Chem. **208**, 321 (1932)

[11]a) K. SCHWABE, Österreich. Chem. Ztg. **65**, 339 (1964); Electrochim. Acta **12**, 67 (1967); J. Chim. physique **1969**, 205; b) Dissertation D. HÖNICKE, Technische Universität Dresden. Institut für Elektrochemie und physik. Chemie, 1965.

[12]) K. SCHWABE, „*pH-Meßtechnik*", Th. Steinkopf Verl. Dresden 1963

der Galvanispannung der Wasserstoff- oder Glaselektrode, so daß der konventionelle pH-Wert $-\log a_{H^+}$ weitgehend gleichgesetzt werden kann. Die Bestimmung von Einzelionenaktivitäten ist in den letzten Jahren vielfach diskutiert worden[13]). Ohne thermodynamisch gesicherte Annahmen ist sie unmöglich. Thermodynamisch korrekt lassen sich mit Ketten ohne Überführung die $\mathrm{ptH} \equiv -\log m_{H^+} \cdot f_\pm$ und die $pwH \equiv -\log m_{H^+} \cdot f_{H^+} \cdot f_A$-Werte messen[12]), dabei bedeutet f_{A^-} den Aktivitätskoeffizienten des Anions

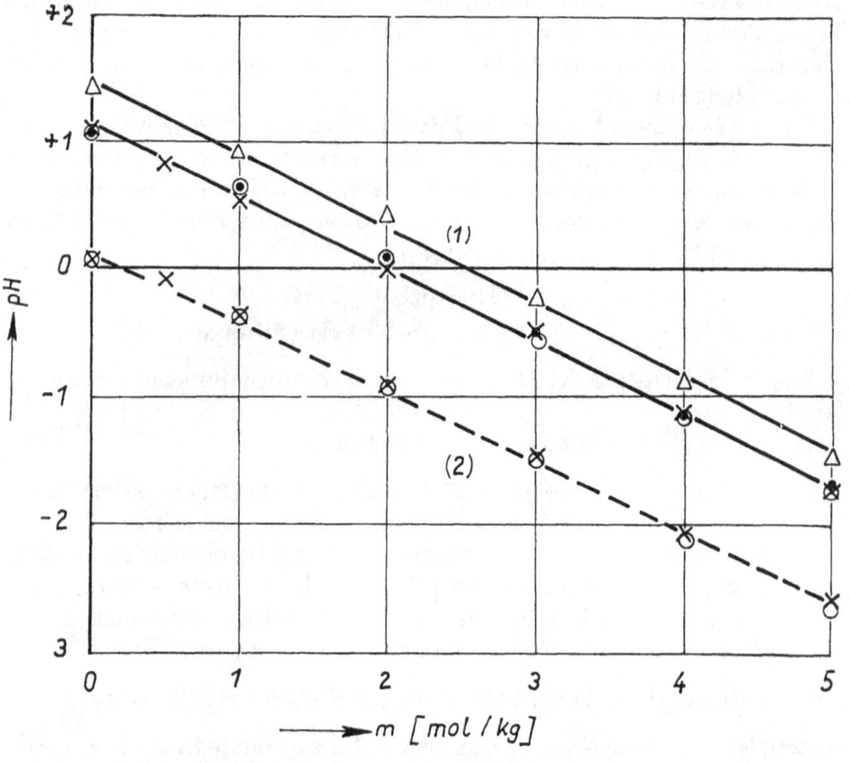

Abb. 4 · pH-Verschiebung von Säuren durch $UO_2(ClO_4)_2$-Zusatz

1) = 0,1 m Säure	2) = 1 m Säure
x = 0,1 m HCl	○ = 0,1 m $HClO_4$
• = 0,1 m HNO_3	△ = 0,1 m H_2SO_4

[13]) A. SHATKAY u. A. LERMAN, Analyt. Chem. **41**, 514 (1969); Talanta **17**, 38 (1970); Electrochim. Acta. impress. F. VIERLING, Bull. Soc. chim. France **4** 1247, **1967** H. S. FRANK, Journ. Physic. Chem. **67**, 1554 (1963)

(meistens Cl^- oder Br^-). Diese Größen zeigen nun ebenfalls eine lineare Abhängigkeit von der Molalität des zugesetzten Salzes entsprechend (19) bzw. (20). Man stellt dabei häufig fest, daß konventioneller pH-Wert und *pwH*-Wert von etwa $m_s = 0{,}5$ mol/kg an parallel verlaufen. Abb. 4 zeigt zunächst, daß die pH-Verschiebung durch Zusatz des gleichen Salzes $[UO_2(ClO_4)_2]$ unabhängig von Art und Konzentration der Säure ist, K in (19) hat den gleichen Wert. Die Abb. 5 und 6 zeigen, daß pH und *pwH* über Konzentrationen von etwa 0,5 bis 15 mol/kg parallel verlaufen, unabhängig davon, ob das zugesetzte Salz das gleiche Anion wie die Säure hat

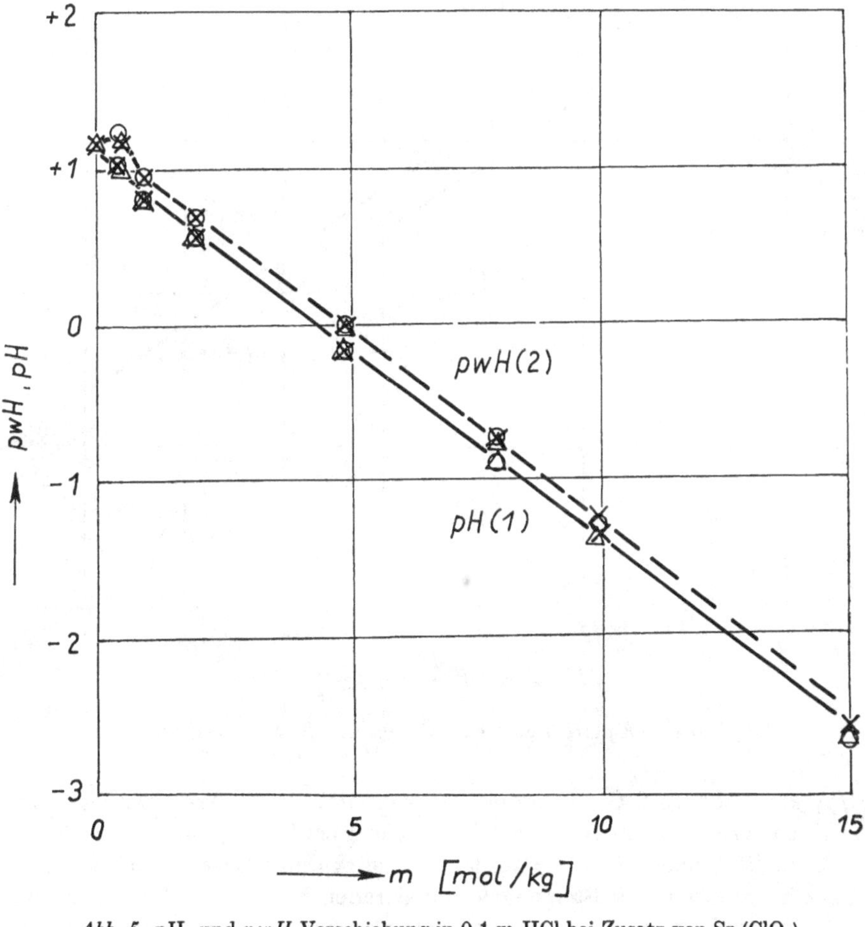

Abb. 5 · pH- und *pwH*-Verschiebung in 0,1 m HCl bei Zusatz von Sr $(ClO_4)_2$

oder nicht. Da für den Fall, daß pH = $-\log a_{H^+}$ gesetzt werden kann, pH $-$ $pwH = \lg f_{A^-}$ ist, bedeutet dies, daß der Logarithmus des Anionenaktivitätskoeffizienten über diesen Konzentrationsbereich konstant ist, während

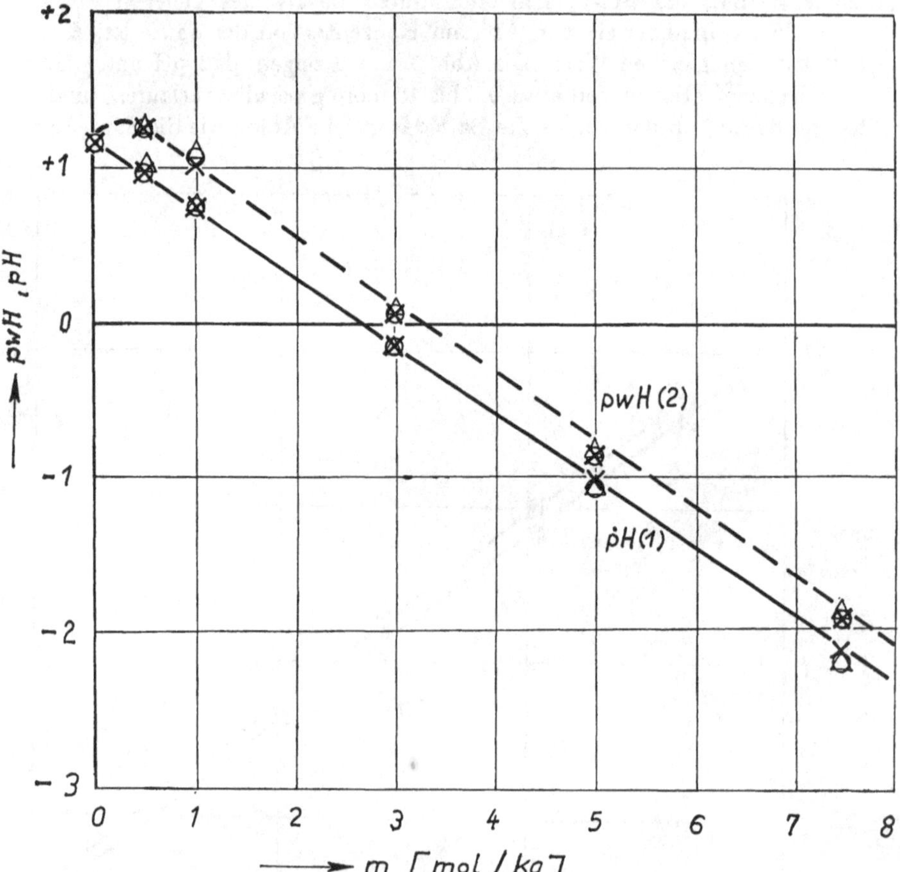

Abb. 6 pH- und pwH-Verschiebung in 0,1 m HBr bei Zusatz von LiBr

f_{H^+} um mehr als 2 Größenordnungen zunimmt. Diese Beziehung hat sich für sehr viele Salze in HCl und HBr als gültig erwiesen[11]). Man kann mithin die Azidität einer Säure außerordentlich stark durch Zusatz von „Neutralsalzen" erhöhen. Die Steigung K der Geraden hängt in erster Linie vom Radius des Kations des zugesetzten Salzes ab und nimmt mit zunehmendem

Radius (GOLDSCHMIDTsche Radien) ab, bei sehr großen Radien kann sie sogar posititiv werden, d. h. f_{H^+} nimmt dann mit der Salzkonzentration ab wie Tab. 1 zeigt.

Vom Standpunkt der Theorie der Konzentrationszunahme durch Verbrauch von Wasser für die Hydratation als Ursache für den Anstieg der Aktivitätskoeffizienten ist dieses Verhalten schwer zu verstehen. Noch weniger ist durch diese Theorie die Tatsache zu erklären, daß in 12 m $NaClO_4$ $f_\pm$ für die binäre Lösung bei 0,9 kg mol^{-1} liegt[14]), $f_\pm$ für 0,01 m HBr in 12 m $NaClO_4$ aber bei 7 kg mol^{-1} und für 0,01 m NaOH bei etwa 0,7 kg mol^{-1}.

Man müßte vom Standpunkt dieser Theorie erwarten, daß, wenn ein Elektrolyt im binären System durch Inanspruchnahme von Wasser eine steile Zunahme seines Aktivitätskoeffizienten mit der Konzentration zeigt, er auch den Aktivitätskoeffizienten eines zweiten Elektrolyten konstanter Konzentration stark vergrößert. Das ist offensichtlich nicht der Fall, denn der mittlere Aktivitätskoeffizient von quarternären Ammoniumsalzen, z. B. von $N(C_2H_5)_4Cl$ steigt nach Durchlaufen eines flachen Minimums bei etwa 2 mol kg^{-1} (Abb. 7) steil an, dagegen nehmen pH und *pwH*-Wert von HCl durch Zusatz von $N(C_2H_5)_4Cl$ eindeutig zu, d. h. f_{H^+} bzw. $f_{H^+} \cdot f_{a^-}$ nehmen ab (Abb. 8).

Es ist in diesem Zusammenhang bemerkenswert, daß quarternäre Ammoniumsalze auch in alkalischer Lösung den pH-Wert stark vergrößern (Abb. 9), während ihn Alkalisalze, z. B. $LiClO_4$ herabsetzen (Abb. 10).

Offenbar spielen die H^+ wegen ihrer sehr festen und stark polarisierten Hydrathülle eine besondere Rolle. Da die Protonen des Wassers mit einer Frequenz von etwa $10^{13}s^{-1}$ gegeneinander ausgetauscht werden[15]), kann man annehmen, daß sich in einer Lösung mit freien Wasserstoffionen ein quasihomogenes positives Feld ausbildet. Dadurch erhalten die Kationen eine positive Überschußenthalpie und damit einen Aktivitätskoeffizienten, der > 1 ist und mit der Konzentration anwächst. Auf der Grundlage dieser Annahme ließ sich eine Beziehung für den Aktivitätskoeffizienten des Wasserstoffions ableiten[11]), die empirische, aber den Hydratationszahlen der Ionen des Salzes etwa entsprechende Größen h_+ und h_- enthielt und in guter Übereinstimmung mit den pH-Messungen stand.

$$\ln f_{H^+} = \frac{2{,}389 \cdot e_0^2 \cdot N_L \cdot M_{H_2O} \cdot m_s \cdot n_e}{1000 \cdot DK \cdot RT} \left[\frac{h_+}{r_+} - \frac{h_-}{r_-}\right] \qquad (21)$$

[14]) K. SCHWABE, Cronache di Chimica **24**, 22 (1969)

[15]) vgl. B. E. CONWAY in J. B. M. BOCKRIS u. B. E. CONWAY, „*Modern Aspects of Electrochemistry*", Bd. 3, S. 43f. (1964)

Tabelle 1

Steigung der pH- und pwH-Werte in Säuren bei Salzzusatz

Ion	r_G[Å]	Cl^- 1,81		NO_3^- 1,89		Br^- 1,96		J^- 2,20	ClO_4^- 2,36	
		a	*b*	*a*	*b*	*a*	*b*	*a*	*a*	*b*
H^+										0,30
Li^+	0,68	0,24		0,15	0,09	0,25	0,23		0,26	
Fe^{3+}	0,67	0,38								
Ni^{2+}	0,78	0,51	0,52						0,59	0,59
Mg^{2+}	0,78	0,48							0,61	
Co^{2+}	0,82	0,46	0,45						0,58	0,53
Fe^{2+}	0,83	0,36	0,33							
Zn^{2+}	0,83								0,56	0,33
Mn^{2+}	0,91	0,38	0,34							
Na^+	0,98	0,15		0,10	0,08	0,21	0,23	0,22	0,19	
Cd^{2+}	1,03	0,23				0,25		0,19	0,59	
Ca^{2+}	1,06	0,45	0,46	0,21		0,50	0,53		0,46	
Sr^{2+}	1,27			0,23	0,25				0,45	0,46
K^+	1,33	0,10	0,09	0,04	0,03	0,12	0,13	0,13		
UO_2^{2+}	1,40			0,23					0,59	
Ba^{2+}	1,43	0,36							0,40	
NH_4^+	1,43	0,08		0,02		0,10		0,12		
$(CH_3)_4N^+$	1,82	−0,03								
$(C_2H_5)_4N^+$	∼ 2,2	−0,10	−0,11					−0,04		

$$a = -\frac{\Delta \mathrm{pH}}{\Delta m_{\mathrm{Salz}}}; \qquad b = -\frac{\Delta pwH}{\Delta m_{\mathrm{Salz}}}$$

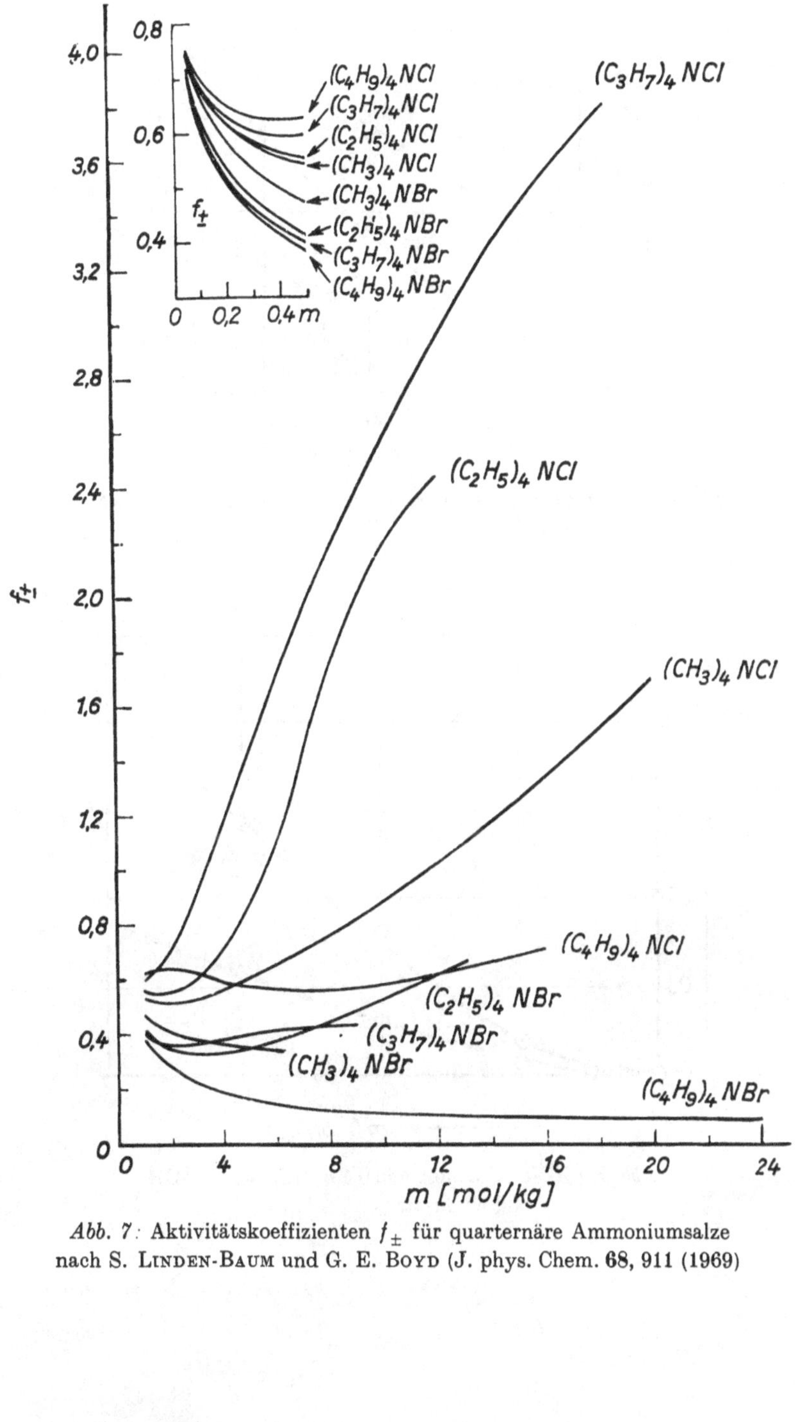

Abb. 7: Aktivitätskoeffizienten $f_{\pm}$ für quarternäre Ammoniumsalze nach S. Linden-Baum und G. E. Boyd (J. phys. Chem. **68**, 911 (1969)

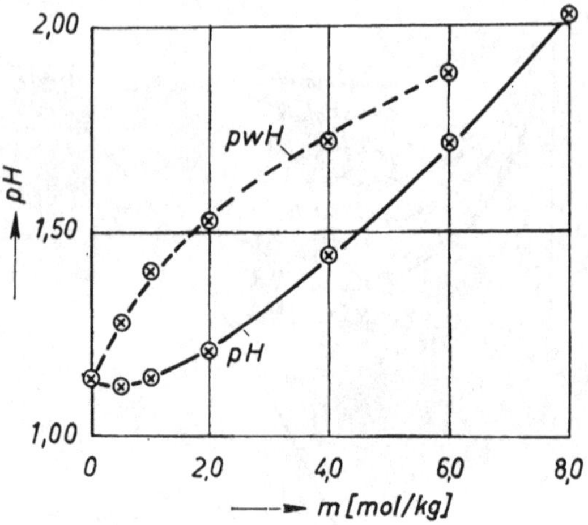

Abb. 8 pH- und *pwH*-Werte von 0,1 m HCl bei Zusatz von TÄACl

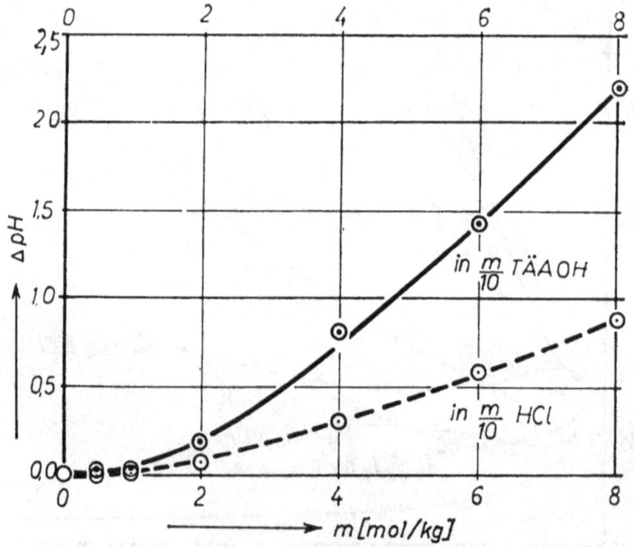

Abb. 9: pH-Verschiebung von 0,1 m HCl und TÄAOH durch Zusatz von TÄACl

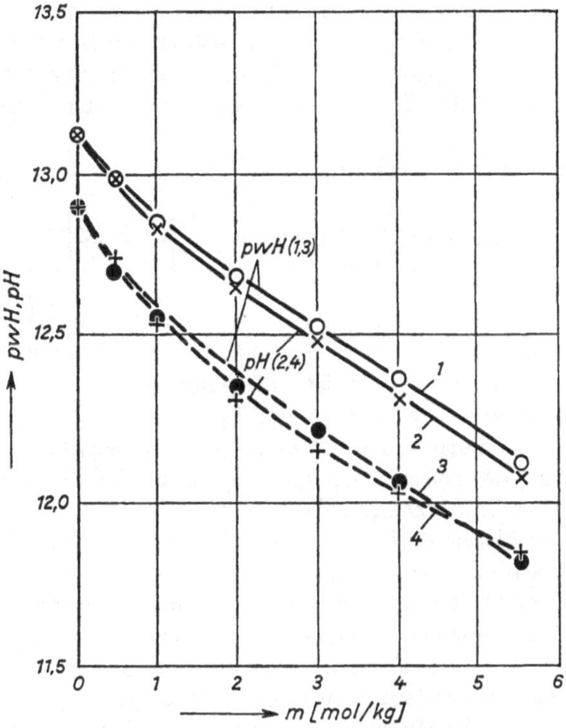

Abb. 10. pH- und *pwH*-Werte in 0,1 m TÄAOH bei Zusatz von $LiClO_4$

$Pt(H_2)\ \frac{m}{10}$ TÄAOH, $\frac{m}{10}$ NaCl, $LiClO_4$, AgCl/Ag – ○ – (1)

$Pt(H_2)\ \frac{m}{10}$ TÄAOH, $\frac{m}{10}$ NaCl, $LiClO_4$// $\frac{m}{10}$ TÄAOH, HgO/Hg – × – (2)

Hg/HgO, $\frac{m}{10}$ TÄAOH, $\frac{m}{10}$ NaCl, $LiClO_4$, AgCl/Ag – – ● – – (3)

Hg/HgO, $\frac{m}{10}$ TÄAOH, $\frac{m}{10}$ NaCl, $LiClO_4$// $\frac{m}{10}$ TÄAOH, HgO/Hg

– – + – – (4)

Dabei bedeuten: e_0 = Elementarladung, N_L = LOSCHMIDT'sche Zahl, m_s = Konzentration des Salzes, n_e = elektrochemische Wertigkeit des Salzes, DK = Dielektrizitätskonstante, R = Gaskonstante, T = absol. Temperatur, r_+ bzw. r_- = Radius (GOLDSCHMIDT) des Kations bzw. Anions + Radius des Wassers ($1.38.10^{-8}$ cm)[16], h_+, h_- mit den Hydratationszahlen korrelierende Zahlen. Der Faktor 2,389 ergibt sich aus der Umrechnung von erg in cal

Formel (19) erhält dann die Form

$$pH = pH_0 - 0{,}0555 \cdot m_s \cdot n_e \left[\frac{h_+}{r_+} - \frac{h_-}{r_-}\right] \tag{22}$$

Die h_+ und h_--Werte ändern sich mit den Kationen bzw. Anionen im allgemeinen analog den Hydratationszahlen[11]). Eine Ausnahme macht das Nitration, von dem aber bekannt ist, daß es mit den Kationen, insbesondere H^+, eine starke Wechselwirkung eingeht[17]).

Nun zeigen aber auch andere Elektrolyte bei konstanter Konzentration einen linearen Anstieg von $\lg f_\pm$ bzw. $\lg f_+$ mit wachsendem Zusatz eines Fremdelektrolyten[18]) im Konzentrationsbereich $m < 1$. Die Linearität ist nicht immer so gut erfüllt wie bei Säuren, und außerdem findet man bei Thalliumsalzen einen linearen Abfall von $\lg f_\pm$ mit wachsendem Zusatz verschiedener Perchlorate wie Abb. 11 zeigt. In jedem Fall nimmt aber die (positive oder negative) Steigung mit abnehmendem Radius des Fremdsalzkations, damit mit wachsender Hydratationszahl zu. Für dieses Verhalten reicht die Deutung von STOKES und ROBINSON[4]), GLUECKAUF[6]) u. a. in keinem Fall aus. Offensichtlich spielt die Hydratation des Fremdsalzkations wie des Kations mit konstanter Konzentration eine wesentliche Rolle, denn das Tl^+ ist im Gegensatz zum Cd^{++} (vgl. Abb. 7) kaum hydratisiert[19]). Man kann die Konzeption des quasihomogenen positiven Feldes insofern auch auf (konzentrierte) Lösungen stark hydratisierter Kationen ausdehnen, wenn man annimmt, daß die stark polarisierten Hydratwassermoleküle beim raschen Austausch ihrer Protonen eine quasihomogene positive Überschußladung erzeugen, so daß Kationen, die selbst hydratisiert sind, eine hohe freie Über-

---

[16]) s. O. J. SAMOILOV, „*Die Struktur wäßriger Elektrolytlösungen und die Hydratation von Ionen*", Teubner Leipzig, 1961

[17]) P. M. VOLLMAR, J. chem. Phys. **39**, 2263 (1963)

[18]) K. SCHWABE, B. ANDREJS, M. SCHWARZBACH u. H. D. SUSCHKE, Electrochim. Acta **13**, 1837 (1968); K. SCHWABE u. J. DWOJAK, Ztschr. Physik. Chem. (Frankfurt) **64**, 1 (1969)

[19]) Siehe z. B. C. W. DAVIES, „*Ion Association*" Butterworths London, 1962, S. 130f.

schußenthalpie erhalten. Wenn man auch hier davon ausgeht, daß sich der Anionenaktivitätskoeffizient (des Elektrolyten mit konstanter Konzentration) wenig ändert, so errechnet man z. B. in einer 0,01 m $CdCl_2$-Lösung, die gleichzeitig 16 molal an $NaClO_4$ ist, aus f_+ nach:

$$f_+ = \frac{f_\pm{}^3}{f_{Cl^-}{}^2} \tag{23}$$

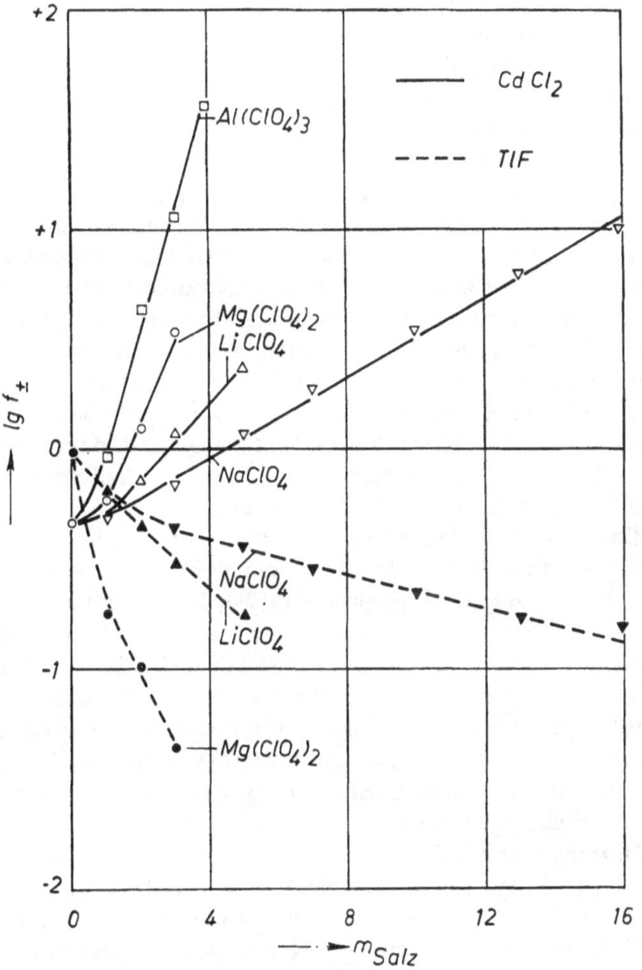

Abb. 11. Einfluß von Fremdelektrolyten auf den mittleren Aktivitätskoeffizienten von Neutralsalzen

einen Aktivitätskoeffizienten des Cd^{++} von etwa 3900 kg mol^{-1}, aus entsprechenden Ketten mit Überführung erhält man unter Vernachlässigung der Diffusionspotentiale[18]) einen Wert von 3700 kg mol^{-1}. Die nicht hydratisierten Tl^{+} neigen stark zur Ionenpaarbildung, und man erhält schon aus diesem Grund (s. S. 16) einen zu kleinen Aktivitätskoeffizienten. Daß diese Ionenpaarbildung mit der Konzentration des Fremdelektrolyten und dem wachsenden positiven Feld exponentiell zunimmt, erscheint ebenfalls plausibel. Wahrscheinlich spielt auch bei den sehr schwach hydratisierten Anionen ihre Paarbildung für den kleinen und relativ wenig veränderlichen Aktivitätskoeffizienten eine Rolle. Daß er unter den hier vorliegenden Bedingungen tatsächlich sehr viel kleiner ist (< 1) als der hydratisierter Kationen, wurde auch durch Messungen an Ketten mit Überführung mehrfach bestätigt[18]).

Die positive freie Überschußenthalpie der Kationen kann natürlich einerseits von einer Zunahme der Enthalpie, andererseits von einer Abnahme der Entropie herrühren. Eine starke plus-plus-Wechselwirkung zwischen Kationen und quasihomogenem Feld würde in erster Linie zu einer Zunahme von H^E führen, die Strukturbildung, Rotationsbehinderung und eine Volumenabnahme bzw. Konzentrationsabnahme auf Grund der Bindung des Lösungsmittels aber zu einer Entropieabnahme. Aus dem Temperaturkoeffizienten der Spannung von Ketten ohne Überführung des Typs: (Pt) H_2/ HCl, Salz, AgCl/Ag läßt sich die Änderung der Überschußentropie S^E mit der Konzentration des Neutralsalzes bestimmen und damit auch aus: $G^E = H^E - TS^E$ die Überschußenthalpie H^E, letztere allerdings mit geringer Genauigkeit, weil sie als Differenz zweier großer Zahlen, die selbst nicht sehr genau meßbar sind (vor allem S^E aus $\partial U/\partial T$), bestimmt wird[11a]). Bei Zusatz von $NaClO_4$ zu HCl in Ketten des genannten Typs nimmt der Temperaturkoeffizient der Kettenspannung mit der $NaClO_4$-Konzentration beträchtlich ab (vgl. Abb. 11a und 26), damit wird auch die Überschußentropie stark negativ, während sich eine relativ geringe Abnahme der Enthalpie errechnet. Bei höheren Konzentrationen, wo wahrscheinlich bereits alles Wasser zur Hydratstruktur benötigt wird, nimmt die Entropieänderung mit der Salzkonzentration (wenigstens bei HCl und HBr, s. Abb. 26) ab. Aus den Temperaturkoeffizienten der Kettenspannung ergibt sich natürlich die Entropieänderung des Elektrolyten (nicht eines Ions).

Durch Messungen von D. HÖNICKE[11b]) ist andererseits gezeigt worden, daß die Abnahme der exothermen Lösungswärme von NaCl in 1 m HCl mit der Konzentration an NaCl, die z. B. zwischen 3 und 4 mol kg^{-1} NaCl 270 cal beträgt, die gemessene Abnahme des pH-Wertes 0,19 $\Delta pH/\Delta m_s$ annähernd ergibt, wenn man die Entropieänderung als konstant ansieht (d. h. unabhängig von der NaCl-Konzentration in diesem Bereich).

Wenn man $G^E = RT \ln f$ interpretiert, so muß man nicht nur zwischen dem Einfluß von H^E und S^E unterscheiden, sondern außerdem noch bei S^E einen Volumeneffekt S^E_V und einen Struktureffekt $S^E_{Str.}$ betrachten (s. S. 45). Man kann in jedem Fall bei konzentrierten Lösungen die Wechselwirkung der Ionen mit dem Wasser und ihren Struktureinfluß auf dieses gegenüber der elektrostatischen Wechselwirkung zwischen den Ionen sicher nicht mehr vernachlässigen. Das zeigt sich an der elektrischen Leitfähigkeit und anderen Eigenschaften solcher Lösungen.

3.3. Leitfähigkeitsmessungen in konzentrierten Elektrolytlösungen

Da die quarternären Ammoniumsalze in Lösungen von Säuren und Basen den entgegengesetzten Einfluß auf pH und *pwH* zeigen (s. S. 24) wie die meisten anorganischen Salze, wurden vor allem weitere Eigenschaften von Lösungen der ersteren untersucht.

Zum Vergleich wurde aber auch die spezifische Leitfähigkeit von anorganischen Salzen, deren Einfluß auf den pH-Wert von Säuren untersucht war, bis zur Sättigungsgrenze gemessen[20]). In Abb. 12 ist die spezifische Leitfähigkeit einiger solcher Salze gegen die Ionenstärke aufgetragen. Soweit die Löslichkeit hoch genug ist (Ausnahme $LiClO_4$), wird ein ausgeprägtes Maximum durchlaufen, das im allgemeinen durch den die Zunahme der Ionen von einer bestimmten Konzentration an überwiegenden Viskositätsanstieg und Ionenpaarbildung erklärt wird. Die Maxima liegen bei 25 °C bei einer Ionenstärke von 5 bis 6 mol · kg^{-1}. Von M. A. Klotschko[21]) werden die Maxima durch den Übergang der Struktur der Lösung von der des Wassers auf die des Salzhydrates erklärt. Im Bereich des Maximums von $\varkappa$ soll ein „quasieutektischer Zustand“ derart vorliegen, daß wäßrige Lösung mit voller Hydratation gleichzeitig neben Salz, das dem Hydratationsgrad und Zustand der Schmelze entspricht, existiert. Sicher ist wohl, daß sich die Lösungsstruktur bei hohen Konzentrationen wesentlich von der sehr verdünnter Lösungen unterscheidet.

Die spezifische Leitfähigkeit der quarternären Salze zeigt auch ein Maximum (Abb. 13), das sich mit zunehmender Kettenlänge des Alkylrestes zu immer niedrigeren Konzentrationen verschiebt. Bei gleicher Konzentration

---

20) Dipl. Arbeiten R. Schnoor (1966), R. Wolf (1964), W. Lohse (1965) und R. Ulbrich (1969), TU Dresden, Institut für Elektrochemie und physik. Chemie; W. Lohse, K. Schwabe u. R. Wolf, Z. physikal. Chem. Frankfurt **55**, 268 (1967). s. a. H. Högnäs, Ann. Acad. Sci. fennicae, Ser. A II 145, 7 (1969)

21) Ber. Akad. d. Wiss. UdSSR **82**, 261 (1952), M. A. Klotschko u. M. M. Godnewa, J. Anorg. Chem. (UdSSR) **4**, 2136 (1959)

liegt $\varkappa$ für $N(CH_3)_4Cl$ um etwa eine Größenordnung höher als $\varkappa$ für $N(C_4H_9)_4Cl$. Sicher ist die starke Leitfähigkeitsabnahme nicht nur auf den Viskositätsanstieg zurückzuführen, denn das WALDEN-Produkt $\lambda \cdot \eta$ sinkt in

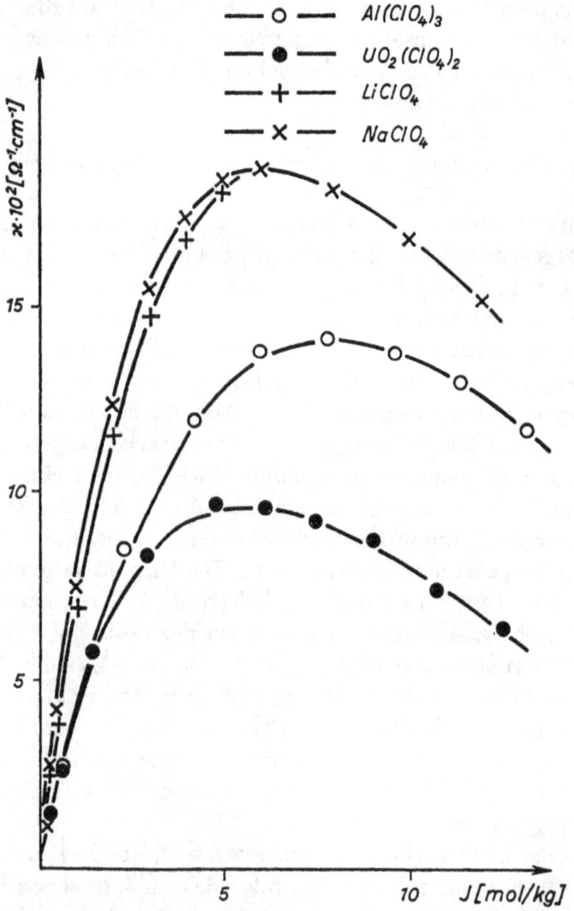

Abb. 12 Abhängigkeit der spez. Leitfähigkeit $\varkappa$ von der Ionenstärke J

dem hohen Konzentrationsbereich stark ab. Wegen des unterschiedlichen Einflusses von anorganischen Salzen einerseits und quarternären Ammoniumsalzen andererseits auf die pH-Werte und *pwH*-Werte interessierte besonders das Leitfähigkeitsverhalten von ternären Systemen: Säure + Salz bzw. Base + Salz.

Da ein additives Verhalten der Leitfähigkeiten wie in unendlich verdünnten Lösungen natürlich nicht zu erwarten war, wurde der Differenzbetrag zwischen der Summe der spezifischen Leitfähigkeiten der beiden Elektrolyte ($\varkappa_2 + \varkappa_3$) und der in ternären Systemen gemessenen spezifischen Leitfähigkeit $\varkappa_{gem}$ mit $\varkappa(w)$ bezeichnet und als allgemeines Maß für die Wechselwirkung der Elektrolyte angesehen:

$$\varkappa(w) = (\varkappa_2 + \varkappa_3) - \varkappa_{gem} \tag{24}$$

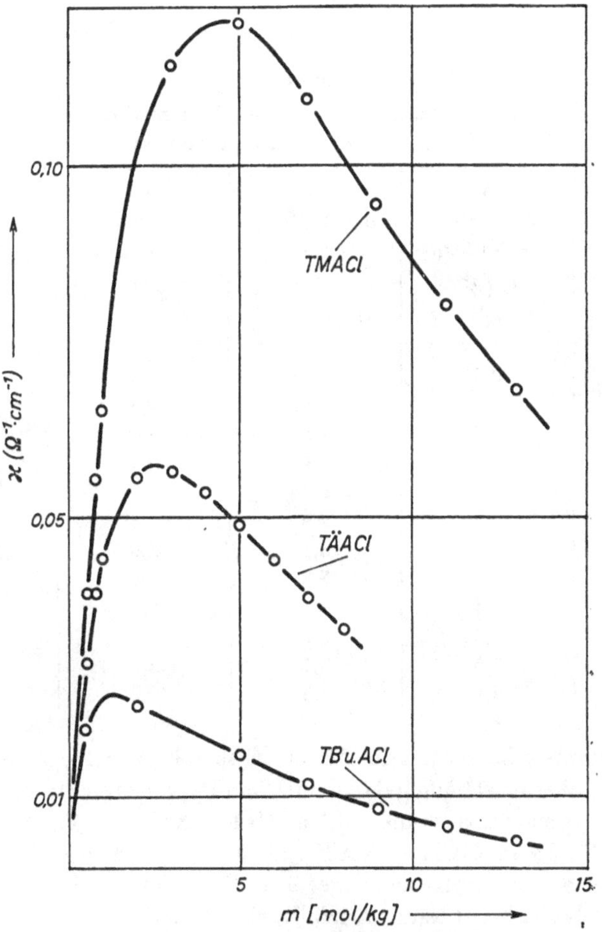

Abb. 13. Spez. Leitfähigkeiten wässeriger Lösungen von TMACl, TÄACl und TBACl

Dabei wurde wieder die Konzentration des Elektrolyten 2 (Säure bzw. Base) konstant gehalten und $\varkappa(w)$ in Abhängigkeit von der Konzentration des Elektrolyten 3 „Neutralsalz“ bestimmt. Es zeigte sich, daß $\varkappa(w)$ weitgehend unabhängig von der Art des Elektrolyten 3 bis zu einer Ionenstärke von etwa 5 bis 6 ansteigt und dann ziemlich konstant bleibt. Für den Anstieg bis $J = 6$ mol/kg, diese Konzentration entspricht bei den anorganischen Salzen auch etwa dem Maximum von $\varkappa$, wurde die Beziehung

$$\varkappa(w) = a\sqrt[3]{m_3^2} \tag{25}$$

ermittelt.

Tabelle 2

Abweichung der spez. Leitfähigkeit vom additiven Verhalten $\varkappa$ (w) als Funktion der Salzkonzentration m_3

m_3 (Salz) Mol/kg	*A* 0,1 m HCl + $NaClO_4$	*B* 0,1 m $HClO_4$ + $NaClO_4$	*C* 0,1 m NaOH + $NaClO_4$	*D* 0,1 m NaOH + LiCl
	$\varkappa$(W)	10^2 Ohm^{-1} cm^{-1}	(25 °C)	
1	0,6	0,9	0,4	1,2
2	1,2	1,4	0,8	1,7
3	1,7	1,9	1,3	1,8
4	2,2	2,5	1,4	2,0
5	2,6	2,7	1,7	2,1
6	2,8	2,9	2,1	2,2
7	3,1	3,1	2,0	2,1
8	3,3	3,3	2,0	2,1
9	3,4	3,4	2,0	2,1
10	3,5	3,5	2,0	2,1
11	3,5	3,5	2,0	2,0
12	3,5	3,5	2,0	2,0

Die Konstante a hängt von der Art des Elektrolyten 2 ab, die Konzentration m_3 geht aber unabhängig davon mit dem Exponenten 2/3 ein. In Tab. 2 ist für die ternären Systeme 0,1 m HCl + $NaClO_4$ (*A*), 0,1 m $HClO_4$ + $NaClO_4$ (*B*), 0,1 m NaOH + $NaClO_4$ (*C*), 0,1 m NaOH + LiCl (*D*) $\varkappa(w)$ als Funktion der Salzkonzentration angegeben. Besonders gut ist die Beziehung (25) für die alkalischen Lösungen erfüllt, sie gilt aber auch für das System: (0,1 m NaCl + $NaClO_4$) wie W. LOHSE[20]) festgestellt hat. $Al(ClO_4)_3$ hat einen besonders großen Einfluß auf die Aktivitätskoeffizienten von Elektrolyten konstanter Konzentration (s. S. 27), deswegen wurde auch sein Einfluß auf das Leitvermögen von Säuren näher untersucht. Im System 0,1 m HCl + $Al(ClO_4)_3$ wurde bis zur Ionenstärke 6 ($m_3 = 1$ mol · kg^{-1}) ebenfalls eine Zunahme von $\varkappa(w)$ mit m_3 2/3 festgestellt, dann bleibt er konstant. Dagegen

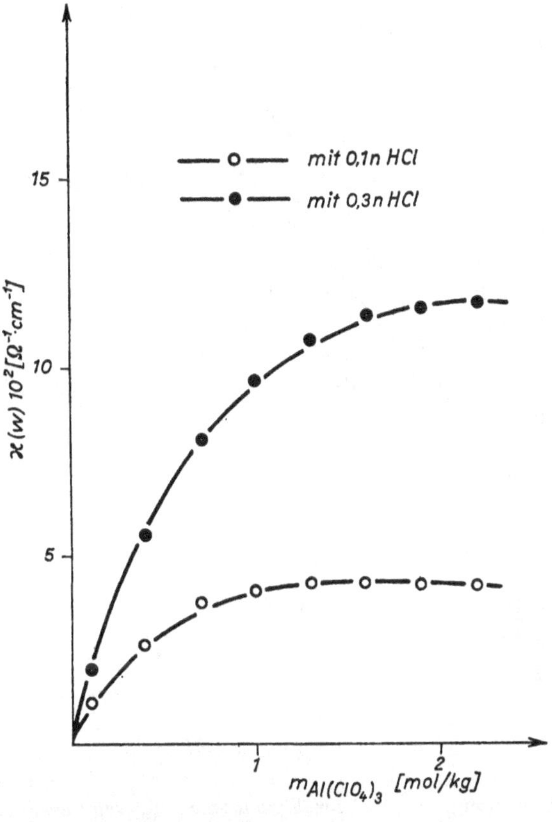

Abb. 14: Abweichung der spez. Leitfähigkeit vom additiven Verhalten $\varkappa(w)$ als Funktion der Salzkonzentration $m_{Al(ClO_4)_3}$

wächst $\varkappa(w)$ bei 0,3 m HCl bis zu höheren $Al(ClO_4)_3$ Konzentrationen an (Abb. 14). Wenn man die $\varkappa(w)$ Werte verschiedener Perchlorate in 0,1 m $HClO_4$ miteinander bezogen auf die Äquivalentkonzentration vergleicht, so hat $UO_2(ClO_4)_2$ mit der niedrigsten Leitfähigkeit den höchsten $\varkappa(w)$-Wert (Abb. 15). Trotzdem steigt durch den Salzzusatz die spezifische Leitfähigkeit

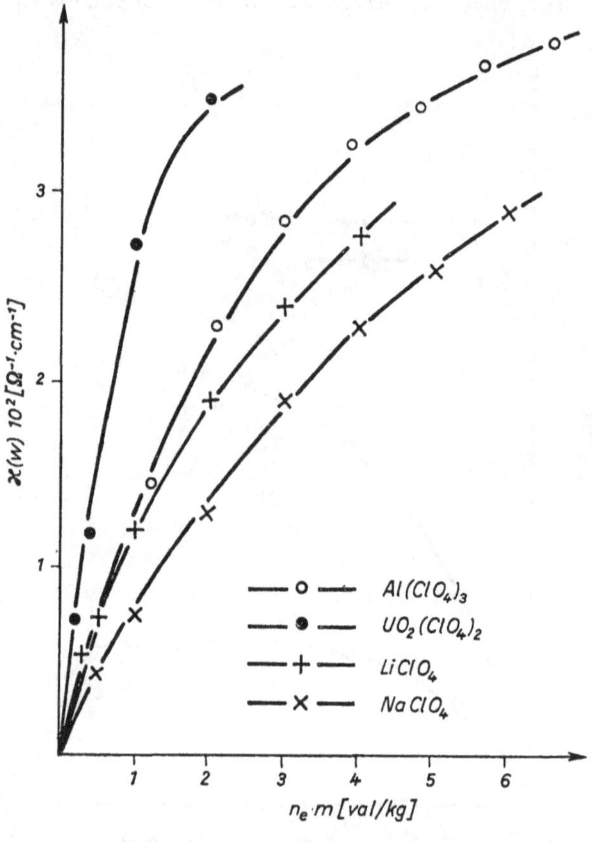

Abb. 15. Abweichung der spez. Leitfähigkeit vom additiven Verhalten $\varkappa(w)$ als Funktion der Zahl der Grammäquivalente

der Säure zunächst, wie bei allen anderen anorganischen Salzen, an und nähert sich nach Durchlaufen des Maximums immer stärker dem $\varkappa$-Wert des reinen Salzes, der Leitfähigkeitsbeitrag der Säure (und übrigens bei anderen Salzen auch der NaOH[20]) verschwindet innerhalb der Fehlergrenzen vollständig (Abb. 16). Wenn man schon annehmen wollte, daß in diesem Fall bei der hohen Ionenstärke des Salzes (5 mol $UO_2(ClO_4)_2$/kgH_2O entsprechen $J = 15$ mol/kg) die Säurekonzentration (0,1 mol/kg) für die Leitfähigkeit

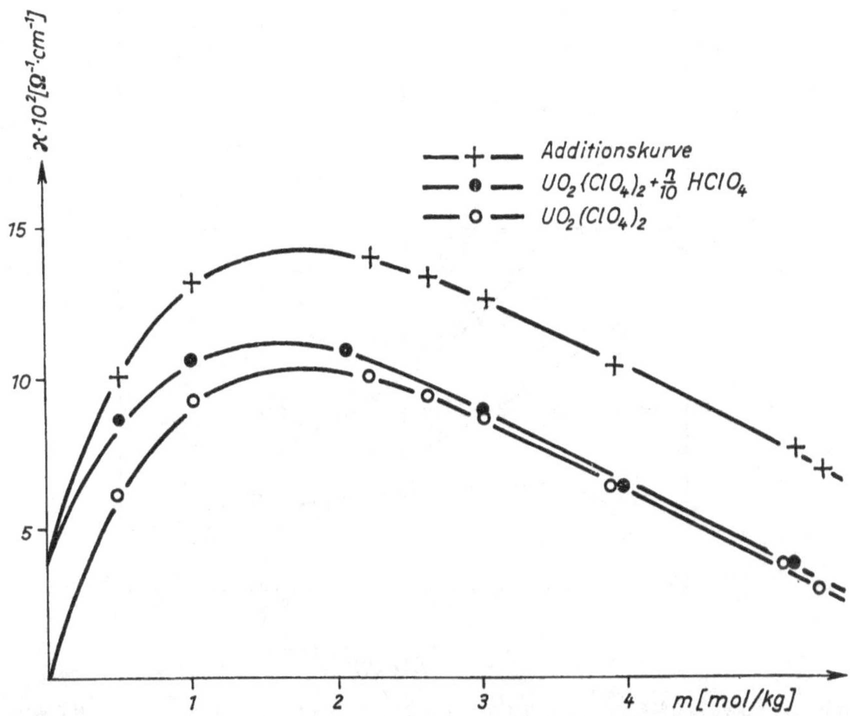

Abb. 16 Spez. Leitfähigkeit
und $\varkappa_{Add}$ in Abhängigkeit von der $UO_2(ClO_4)_2$-Konzentration

der Lösung keine merkliche Rolle spielt, so kann auf diese Weise die Abhängigkeit der Leitfähigkeit in Säuren und Basen von der Konzentration quarternärer Ammoniumsalze keinesfalls erklärt werden; denn hier sinkt die spezifische Leitfähigkeit der Säure bzw. Base auch schon bei sehr kleinen Zusätzen monoton ab und erreicht schließlich die des reinen Salzes (Abb. 17).

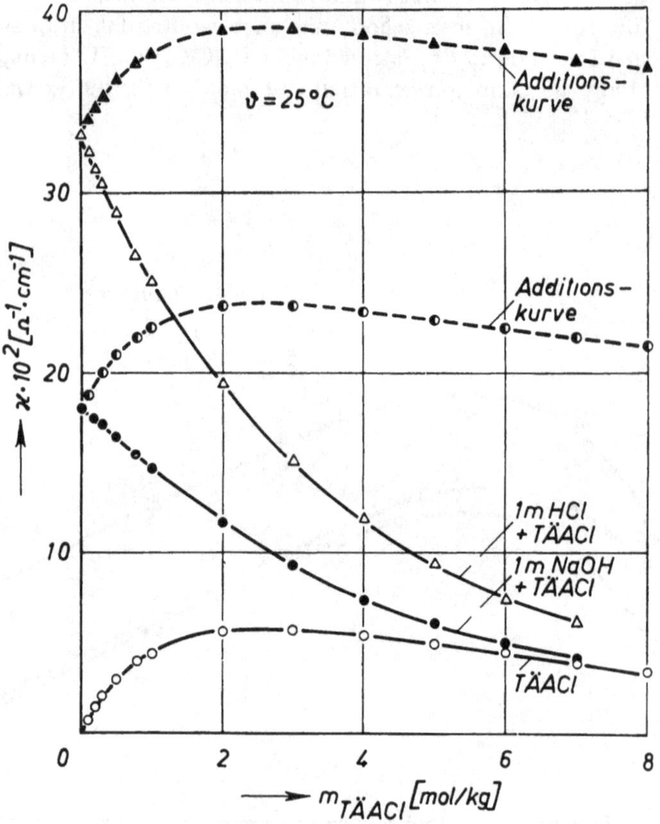

Abb. 17: Spez. Leitfähigkeit von TÄACl, 1 m HCl + TÄACl und 1 m NaOH + TÄACl in Abhängigkeit von der TÄACl-Konzentration

Bei einem Zusatz von 3 m $N(C_2H_5)_4Cl$ zu 1 molaler HCl ist $\varkappa$ bereits auf $^1/_3$ des Wertes für die reine Säure gefallen, während $\varkappa$ bis 3 m $NaClO_3$ Zusatz zu 1 molaler HCl noch beträchtlich ansteigt. Besonders stark ist die Leit-

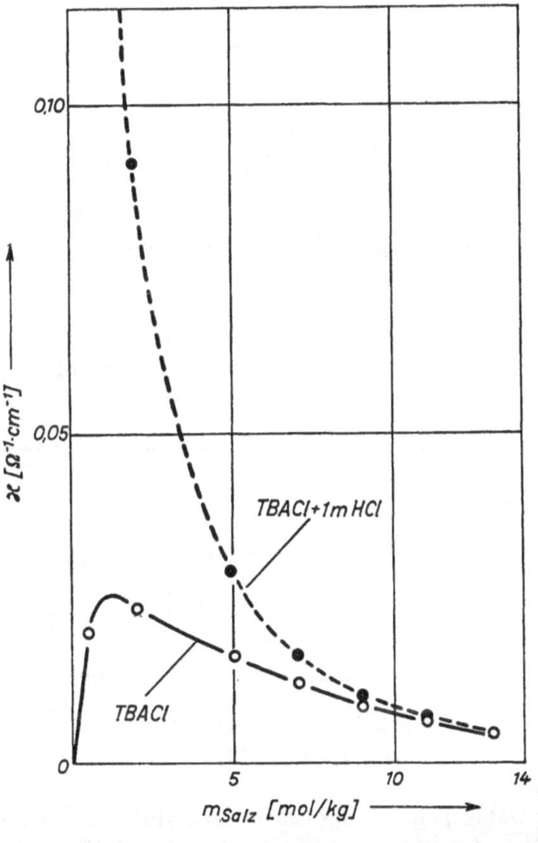

Abb. 18: Spez. Leitfähigkeit von TBACl und TBACl + 1 m HCl in Abhängigkeit von der TBACl-Konzentration

fähigkeitsabnahme von 1 m HCl durch Zusatz von $N(C_4H_9)_4Cl$. In 5 molarer Salzlösung beträgt $\varkappa$ noch $\sim$10% der reinen Säure (Abb. 18). In 10 m $N(C_4H_9)_4Cl$ leistet die HCl überhaupt keinen Leitfähigkeitsbeitrag mehr.

Viskositätsmessungen an den binären und ternären Lösungen haben gezeigt, daß die Viskositätszunahme das Leitfähigkeitsverhalten nicht zu erklären vermag. Dieses ist für Wasser als Lösungsmittel charakteristisch, wie vergleichende Messungen derselben Elektrolytsysteme in Dimethylformamid (DMF.) zeigen. In Abb. 19 ist die spezifische Leitfähigkeit von $N(C_4H_9)_4Cl$ in wasserfreiem DMF und in DMF mit 5% H_2O als Funktion der Konzentration dargestellt. Durch den Wasserzusatz wird das Maximum von $\varkappa$ zu höheren Konzentrationen verschoben, weil der Anstieg der *DK* des

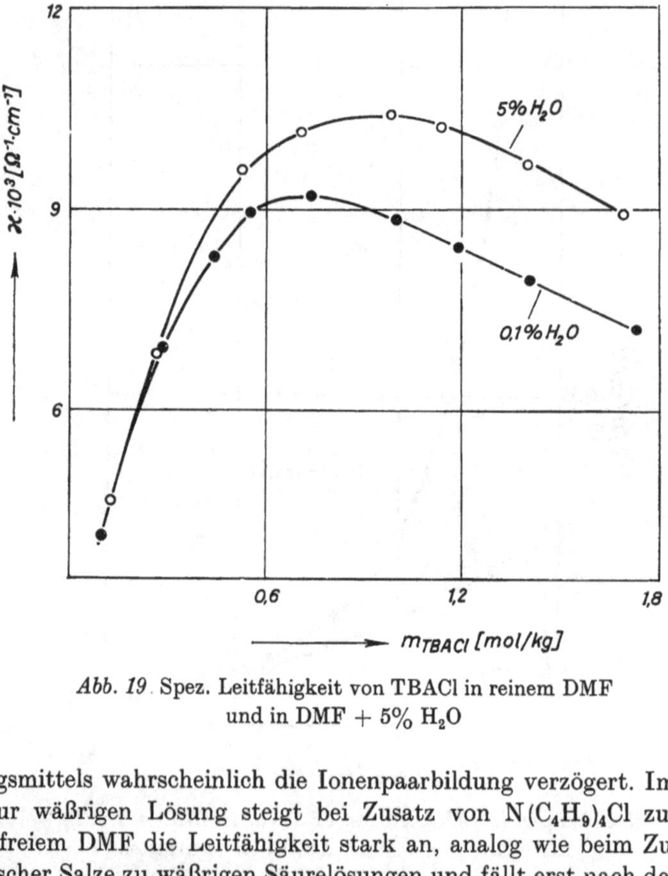

Abb. 19 Spez. Leitfähigkeit von TBACl in reinem DMF und in DMF + 5% H_2O

Lösungsmittels wahrscheinlich die Ionenpaarbildung verzögert. Im Gegensatz zur wäßrigen Lösung steigt bei Zusatz von $N(C_4H_9)_4Cl$ zu HCl in wasserfreiem DMF die Leitfähigkeit stark an, analog wie beim Zusatz anorganischer Salze zu wäßrigen Säurelösungen und fällt erst nach dem Maximum aus den bekannten Gründen (Ionenpaarbildung, Viskositätszunahme) ab (Abb. 20).

Der gegensätzliche Einfluß der quarternären Ammoniumsalze auf pH- und *pwH*-Werte wäßriger Säure- und Basenlösungen gegenüber anorganischen Salzen wird also ergänzt durch einen anormalen Einfluß auf das Leitvermögen wäßriger Säuren und Basen und ist offenbar auf die besonderen Eigenschaften des Wassers als Lösungsmittel zurückzuführen. Auch andere

Eigenschaften wäßriger Lösungen werden durch quarternäre Ammoniumsalze in entgegengesetzter Weise verändert wie durch anorganische Salze. Hier soll nur auf einige Volumeneffekte hingewiesen werden.

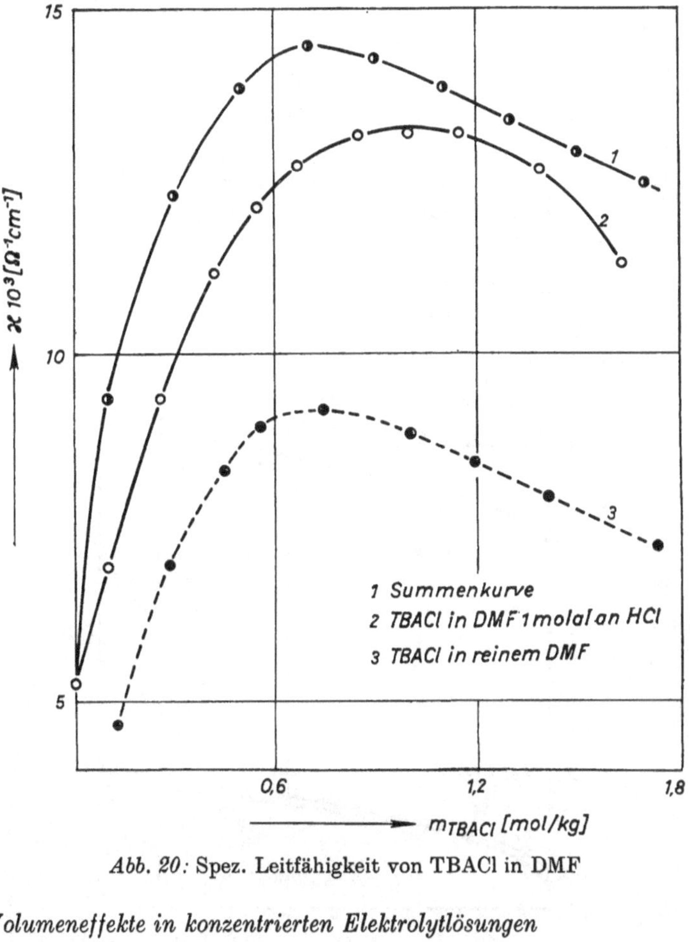

Abb. 20: Spez. Leitfähigkeit von TBACl in DMF

3.4. Volumeneffekte in konzentrierten Elektrolytlösungen

Die scheinbaren Molvolumina

$$\varphi_2 = \frac{v - n_1 V_1^0}{n_2} \tag{26}$$

v = Volumen der Lösung

n_1, n_2 = Molzahl des Wassers bzw. des Elektrolyten

V_1^0 = Molvolumen des reinen Wassers

der Alkalisalze nehmen mit wachsender Konzentration monoton zu (Abb. 21), die der quarternären Ammoniumsalze nehmen dagegen monoton ab, wie in Abb. 22 am Beispiel des $N(C_2H_5)_4Cl$ für 25 u. 70 °C gezeigt ist[22]).

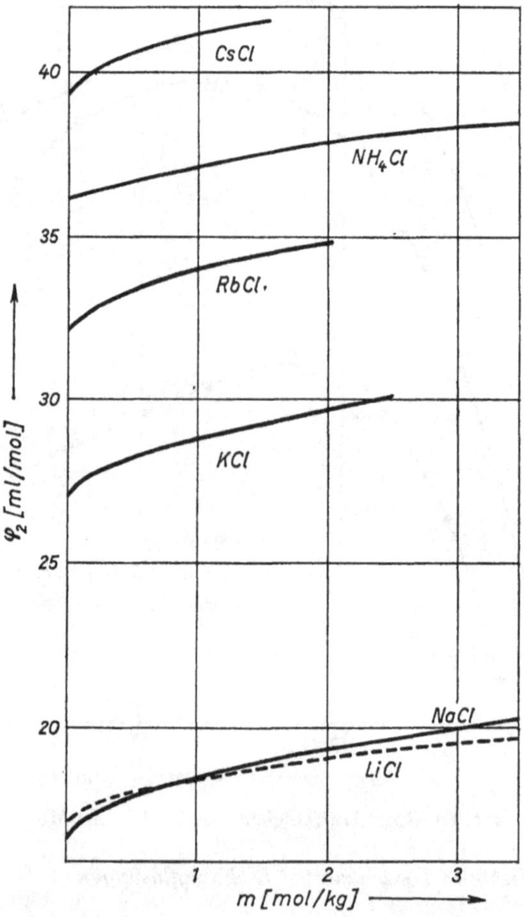

Abb. 21 Scheinbare Molvolumina der Alkalichloride

---

22) Dissertation W. LOHSE, TU Dresden, Sektion Chemie, 1970. K. SCHWABE, Z. physik. Chemie, Leipzig, **247**, 113 (1971); W. Y. WEN u. S. SAITO, J. phys. Chem. **68**, 2639 (1964)

Die Exzeßvolumina: $V^E = V_m - x_1 V_1^0 - x_2 V_2^0$ (27)

$V_m = \frac{v}{n_1 + n_2}$, x_1, x_2 = Molenbruch von Wasser bzw. Elektrolyt

V_2^0 = Molvolumen des Elektrolyten

nehmen bei den Alkalisalzen mit der Konzentration ab, bei quarternären Ammoniumsalzen aber zu, wie Abb. 23 zeigt. Im allgemeinen ist dabei die

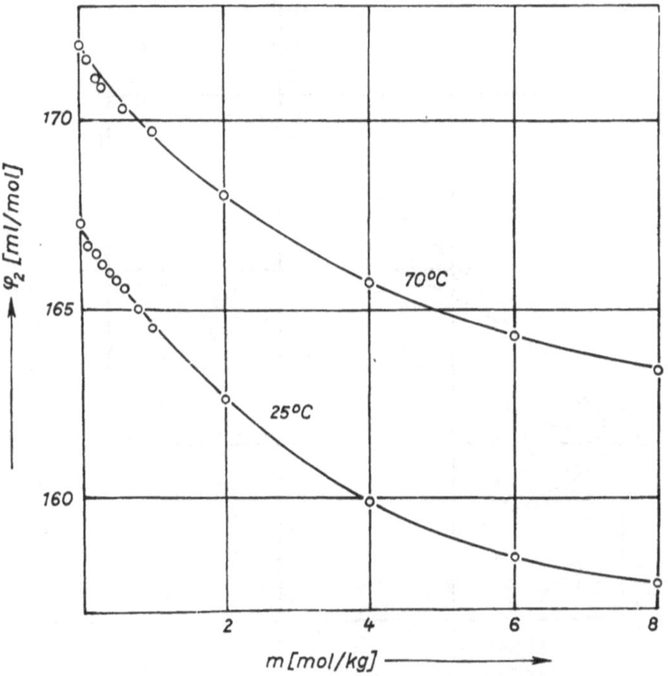

Abb. 22. Scheinbare Molvolumina von TÄACl bei 25 und 70°C.

Länge des Alkylrestes entscheidend, das Anion spielt kaum eine Rolle. Protonen bewirken in Wasser wegen der starken Elektrostriktion des Hydratwassers eine kräftige Volumenkontraktion. Nach den Werten für die Exzeßvolumina rufen die NR_4^+ eine erhebliche Volumenvergrößerung in Wasser hervor. Im ternären System 1 m HCl + $N(C_2H_5)_4Cl$ findet man nun etwa denselben Konzentrationsverlauf der partiellen Molvolumina $\overline{V}_2 = (\partial v / \partial n_2)$ T, p, n_1 und $\overline{V}_1 = (\partial v / \partial n_1)\, T, p, n_2$ wie im binären System $[N(C_2H_5)_4Cl, H_2O]$ wie Abb. 24 und 25 zeigen. Daraus kann man schließen, daß der Einfluß der $N(C_2H_5)_4^+$ selbst den des H^+ auf das Volumen überwiegt.

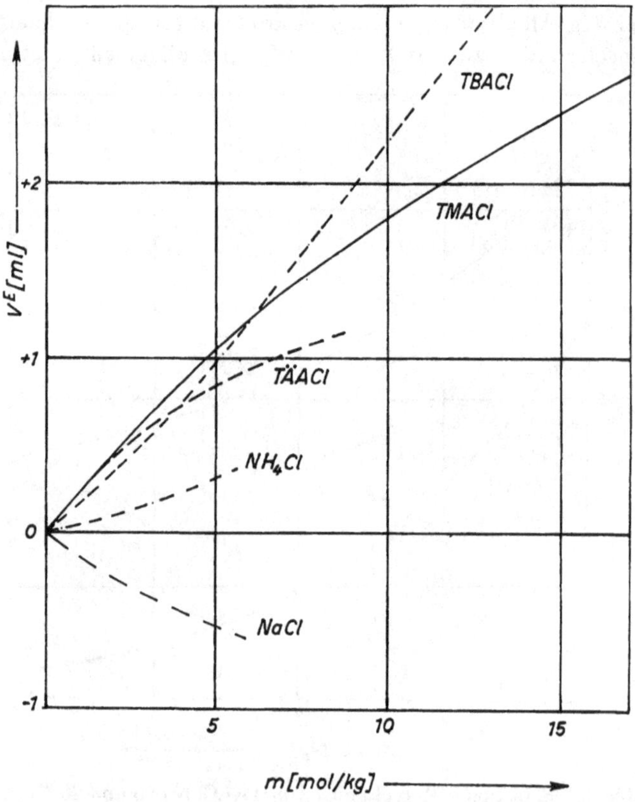

Abb. 23: Vergleich der Exzeßvolumina V^E verschiedener Salze

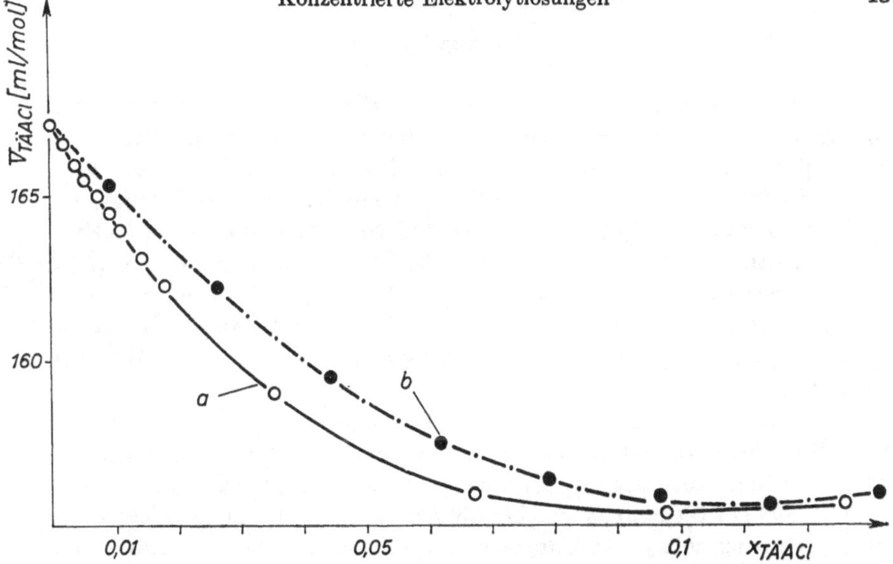

Abb. 24. Partielles Molvolumen von TÄACl in der binären Mischphase (*a*) und in der ternären Mischphase (*b*) als Funktion des Molenbruchs von TÄACl

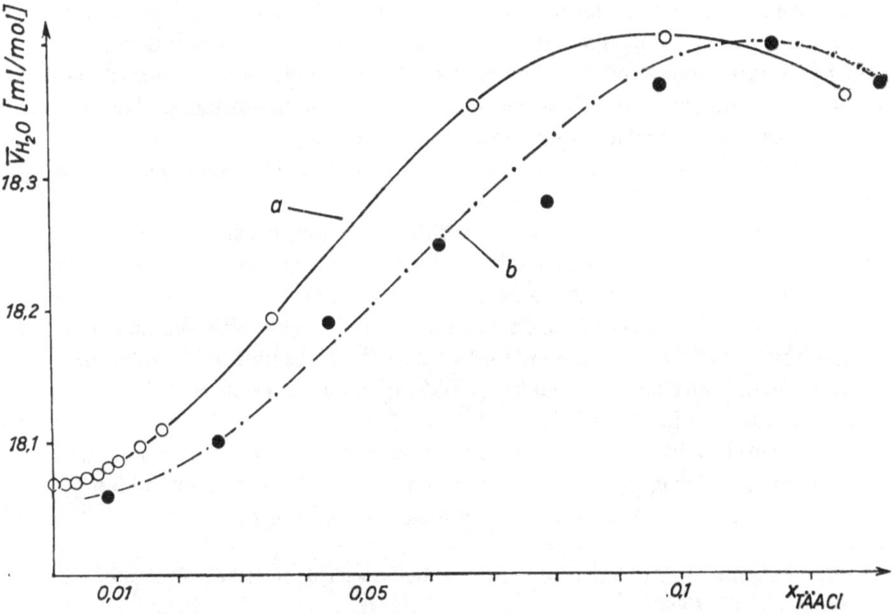

Abb. 25. Partielles Molvolumen von H_2O in der binären Mischphase (*a*) und in der ternären Mischphase (*b*) als Funktion des Molenbruchs von TÄACl

4. Diskussion

Die thermodynamischen und kinetischen Eigenschaften konzentrierter wäßriger Elektrolytlösungen lassen sich offenbar deswegen nicht aus der elektrostatischen Wechselwirkung zwischen ihren Ionen allein ableiten, weil einmal die Ionenpaar- und Komplexbildung neue Teilchenarten erzeugt, die die Konzentration der Ladungsträger verändern und damit auch die Aktivität und Leitfähigkeit, zum anderen, weil die Wechselwirkung mit dem Wasser einen wesentlichen Einfluß auf die Eigenschaften der Lösungen hat. Dabei spielen die besondere Struktur des Wassers, die starken Wasserstoffbrückenbindungen und die hohe Austauschgeschwindigkeit seiner Protonen eine wichtige Rolle!

Die Kationen, die eine feste Hydrathülle bilden, vergrößern dadurch ihre freie Überschußenthalpie und damit ihren Aktivitätskoeffizienten. Wir haben das auf die hohe Austauschgeschwindigkeit der Protonen des Wassers zurückgeführt. Sicher ist jedenfalls, daß in wäßrigen Lösungen bei hohen Elektrolytkonzentrationen sehr große Unterschiede zwischen Aktivität von Anion und hydratisiertem Kation bestehen. Die Anionenaktivitätskoeffizienten sind im allgemeinen <1 und nicht stark konzentrationsabhängig. Die stark hydratisierten Kationen können Werte von über 1000 kg mol^{-1} erreichen, mindestens die Aktivitäten. Die Bedeutung dieser hohen Aktivitäten für Gleichgewichte, aber auch für die Reaktionskinetik sollte nicht unterschätzt werden, so kann man zum Beispiel die Korrosionsgeschwindigkeit bei konstanter Säurekonzentration durch Salzzusatz ganz wesentlich beeinflussen[23]). Die Hydrathülle hat in konzentrierten Lösungen offensichtlich einen großen Einfluß, wie auch die Aktivität des Tl^+ zeigt.

Es darf auch nicht übersehen werden, daß durch hohe Salzkonzentrationen eine für das Wasser als Lösungsmittel charakteristische Eigenschaft, seine hohe Dielektrizitätskonstante, sehr stark herabgesetzt wird. Nach Untersuchungen von J. Barthel sinkt die statische Dielektrizitätskonstante ε_s in konzentrierten LiCl-Lösungen ($m > 12$) auf Werte unter 20 ab[24]). Dadurch können nicht nur die Ionenpaarbildung, sondern auch reaktionskinetische Effekte erheblich beeinflußt werden.

Das anormale Verhalten der NR_4^+ hängt wesentlich damit zusammen, daß diese Ionen in wäßrigen Lösungen eine ganz andere Struktur ausbilden als anorganische Ionen, vor allem solche mit hoher Ladungsdichte.

---

[23]) K. Schwabe u. Chr. Voigt, J. Elektrochem. Soc. **1/3**, 86 (1966); Werkstoffe u. Korrosion **16**, 125 (1965)

[24]) J. Barthel, Z. physik. Chem. Frankfurt/M. **71**, 115 (1970), s. a. Dissertation H. Kelm sowie Dissertation M. Gast, TU Dresden, Sektion Physik, 1970

In diesem Fall findet nicht nur eine beträchtliche Volumenkontraktion statt, sondern bei höheren Konzentrationen wird auch praktisch alles Wasser zur Hydratbildung verbraucht[31]) und es entsteht eine Struktur höherer Ordnung. Das führt z. B. bei Zusatz von $NaClO_4$ zu wäßriger HCl zu einer starken Abnahme der Überschußentropie, wie mit Hilfe von Kettenspannungsmessungen festgestellt wurde[11a]) (Abb. 26). Durch quarternäre Ammoniumsalze

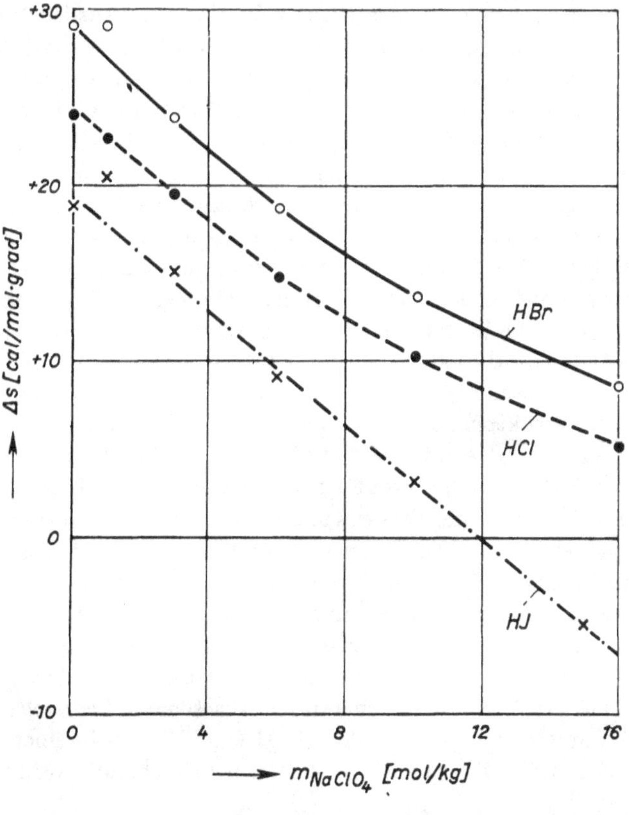

Abb. 26: Konzentrationsabhängigkeit von ΔS für HCl, HBr und HJ

wird zwar ebenfalls die Struktur des Wassers völlig verändert und eine sehr feste „Struktur" gebildet, aber diese erfolgt unter beträchtlicher Volumenzunahme. Eine Abnahme von G^E mit wachsendem Gehalt an quarternärem Salz, die sich aus der Zunahme des pH- bzw. *pwH*-Wertes ergibt, kann also darauf beruhen, daß $S_V{}^E$ stärker zu- als $S^E_{Str.}$ (s. S. 29) abnimmt, wenn H^E

konzentrationsunabhängig wäre, was für diese ternären Systeme noch nicht geprüft ist. Generell muß festgestellt werden, daß bei hohen Konzentrationen der Einfluß der Wechselwirkung der Ionen mit dem Wasser auf die thermodynamischen und kinetischen Eigenschaften konzentrierter Elektrolytlösungen stärker ist als die interionische Wechselwirkung. Die Alkylreste der NR_4^+ haben hydrophobe Eigenschaften und verdrängen daher die H_2O-Moleküle aus der Umgebung des Kations. Dadurch entstehen ,,Hohlräume", die makroskopisch durch positive Exzeßvolumina zum Ausdruck kommen. Auf eine solche ,,Löcherstruktur" weist auch die Löslichkeitszunahme von gasförmigen Kohlenwasserstoffen (CH_4, C_2H_6 usw.) in quaternären Ammoniumsalzlösungen mit wachsender Länge des Alkylrestes und Konzentration hin, wie von WEN und HUNG[25]) festgestellt wurde. Neben dem Einfluß der quaternären Salze auf die Leitfähigkeit und die Volumeneffekte der H^+ und OH^- (s. S. 40) weisen auch noch einige andere experimentelle Ergebnisse darauf hin, daß diese Salze eine völlig andere als die meisten anorganischen Salze, aber eine stabile Struktur in wäßriger Lösung ausbilden, so zum Beispiel die stark positiven partiellen Molwärmen[26]) gegenüber negativen Werten bei anorganischen Salzen, die Erniedrigung der Temperatur des Dichtemaximums[27]) und die dielektrischen sowie Protonenrelaxationsmessungen[28]). Wir sehen daher zwischen der Wasserstruktur in einer konzentrierten Lösung anorganischer ,,strukturbildender" Ionen und der Struktur in einer Lösung quarternären NR_4^+-Salze mit einem ,,hydrophoben" Alkylrest den in Abb. 27 angedeuteten Unterschied, obwohl wir uns bewußt sind, daß es sehr schwierig ist, über die Struktur des Wassers und seiner Lösungen heute sichere Aussagen zu machen, worauf A. HOLTZER und M. F. EMERSON[29]) kürzlich zu recht nachdrücklich hingewiesen haben. Diesem Modell zufolge binden die strukturbildenden Ionen in ihrer unmittelbaren Umgebung wenige ($\leqq 6$) Wassermoleküle sehr fest und erzeugen in der weiteren Umgebung eine gegenüber der Struktur des reinen Wassers gestörte Ordnung. Demgegenüber bilden die NR_4^+ in ihrer unmittelbaren Nachbarschaft ,,Leerstellen", zwingen aber dadurch einer großen Zahl von H_2O-Molekülen in einer die Leerstellen umgebenden Hülle eine Struktur höherer Dichte auf. Außerdem wer-

[25]) W. Y. WEN und J. H. HUNG, J. phys. Chem. **74**, 170 (1970)

[26]) H. RUETERJANS, F. SCHREINER, U. SAGE und Th. ACKERMANN, J. physic. Chem. **37**, 986 (1969)

[27]) G. WADA und S. UMEDA, Bull. Chem. Soc. (Japan) **35**, 646 (1962); G. WADA und M. MIURA, id. **42**, 2498 (1969)

[28]) H. G. HERTZ, Angew. Chemie **82**, 91 (1970) und die dort angegebene Literatur, vgl. auch M. GAST, Dissertation, TU Dresden, Sektion Physik, 1970

[29]) J. physic. Chem. **73**, 26 (1969)

den die hydrophoben Alkylreste bei höheren Konzentrationen zur Assoziation von NR_4^+-Kationen führen, was in dem Schema nicht angedeutet ist [16,3]). Die starke Leitfähigkeitsabnahme von Säure- und Basenlösungen durch Zusatz von NR_4^+-Salzen wäre dann so zu verstehen, daß wegen der in großen Bereichen gestörten Wasserstruktur und Rotationsbehinderung der besondere Transportmechanismus der Ionen des Wassers[15]) nicht mehr stattfinden kann, das trifft auch bei sehr hohen Konzentrationen anorganischer Ionen zu, und daß gleichzeitig die H^+ bzw. OH^- in dem Wasserkäfig um die NR_4^+ eingebaut werden, so daß sie bei entsprechenden Konzentra-

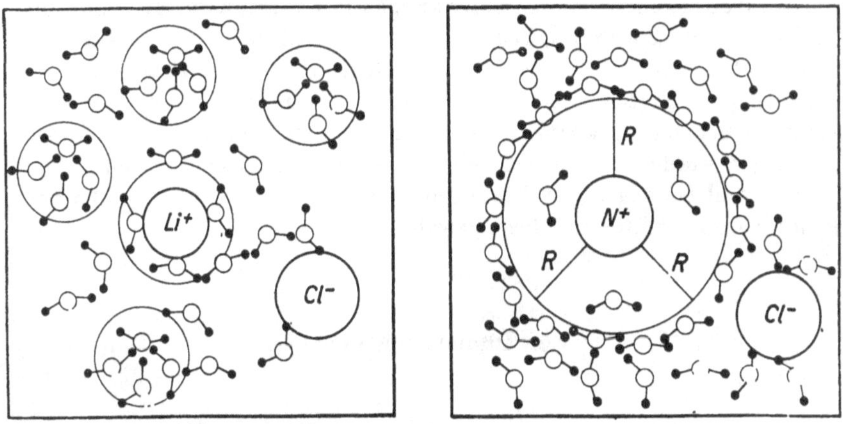

Abb. 27 Vorstellungen über die Struktur von Wasser unter dem Einfluß quarternärer Ammoniumsalze bzw. Alkalihalogenide

tionen nur noch mit diesen Ionen wandern. Der Leitfähigkeitsabfall schon bei niedrigen NR_4^+-Salzkonzentrationen zeigt jedenfalls, daß hier über große Entfernungen vom NR_4^+ Strukturstörungen und Rotationsbehinderungen auftreten. Sie führen auch dazu, daß sich nicht wie etwa bei H^+, Li^+ oder Mg^{++} ein quasihomogenes Feld aufbauen kann, weil der Austausch der Protonen stark behindert ist. In dem Wasserkäfig kann es außerdem zur Ionenpaarbildung mit den Anionen kommen, so daß für a_{H^+} kleinere, das heißt für pH höhere Werte gefunden werden, als bei der gleichen Säurekonzentration ohne quarternäres Salz. Natürlich sind dies nur qualitative Vorstellungen, sie

---

[30]) vgl. auch M. J. Sparnaay, J. Colloid a. Interface Science 22, 23 (1966)

lassen sich schwer beweisen oder gar in quantitative Aussagen umwandeln, weil sich, wie schon eingangs bemerkt wurde, die Teilchenarten, die in konzentrierten Lösungen vorliegen, nicht unterscheiden und einzeln zählen lassen. Vielleicht eröffnet die Laserramanspektroskopie in dieser Richtung neue Möglichkeiten[31]). In ternären Systemen können natürlich noch mehr Teilchenspezies auftreten, als in binären, andererseits glauben wir, mit dem von uns gewählten Vorgehen (m_2 = konst. $\ll m_3$) in mancher Hinsicht neue Einblicke erzielen zu können. Aktivitäten lassen sich in solchen Systemen oft bequem elektrometrisch bestimmen[18]), aber auch mit Hilfe der GIBBS-DUHEM-Gleichung, insbesondere der isopiestischen Methode lassen sie sich, mit den früher genannten Einschränkungen in bezug auf die H_2O-Aktivität, untersuchen[32]). Zweifellos bedarf aber das Problem der konzentrierten Elektrolytlösungen auch wegen ihrer großen praktischen Bedeutung noch eingehender experimenteller Untersuchungen, um genauere theoretische Aussagen machen zu können. Dabei müssen auch nichtwäßrige Lösungen einbezogen werden, einmal weil ihre technische Bedeutung zunimmt, zum andern, weil sie gegenüber Lösungen in Wasser mit seiner komplizierten Struktur evtl. leichter Einblicke gewähren.

5. Zusammenfassung

An binären und ternären konzentrierten wäßrigen Elektrolytlösungen werden Aktivitätsmessungen, Leitfähigkeitsmessungen und Volumenmessungen durchgeführt. In ternären Lösungen wird die Konzentration des einen Elektrolyten (m_2) konstant und viel kleiner gewählt als die des zweiten Elek-

[31]) Bei dem Symposium über die Struktur des Wassers und wäßriger Lösungen zu Ehren von Th. F. YOUNG an der Universität [s. J. physic. Chem. **74**, 3677–3822 (1970)] ist über solche Untersuchungen an $AgNO_3$-Lösungen von B. G. OLIVER und G. J. JANZ, id. S. 3819, berichtet worden. Messungen der intermolekularen Austauschfrequenzen und Diffusionsparameter des Wassers in konzentrierten wäßrigen Lösungen von Salzen mit stark hydratisierten Kationen mit Hilfe unelastischer Neutronenstreuung (P. S. LEUNG u. G. J. SAFFORD, id. S. 3696) haben übrigens ergeben, daß diese Eigenschaften des Wassers ganz überwiegend von den Kationen bestimmt werden, ähnlich wie das von uns festgestellte Verhalten der Aktivitätskoeffizienten.

[32]) W. M. VOLOWENKO, Radiochimija (russ.) **7**, 442 (1965). Dissertation E. KÁLMÁN, TU Dresden, Sektion Chemie, 1970 und die dort angegebene Literatur. Zur Theorie von Elektrolytmischungen s. auch H. L. FRIEDMAN u. P. S. RAMANATHAN, J. physic. Chem. **74**, 3756 (1970)

trolyten mit veränderlicher Konzentration (m_3). Für die Aktivitätskoeffizienten wird dann gefunden

$$\lg f_{\pm 2}{}^0 = \lg f_{\pm 2}{}^0 + K \cdot m_3$$

Abschätzungen der Einzelionenaktivitäten ergeben, daß bei hydratisierten Kationen f_{+2} mit m_3 exponentiell steil ansteigt, während f_- sich relativ wenig ändert und meist unter 1 liegt. Seine Deutung wird auf Grund der Annahme eines quasihomogenen positiven Feldes gegeben.

Bei Leitfähigkeitsmessungen in ternären Systemen der genannten Art wird für $\varkappa(W) = \varkappa_2 + \varkappa_3 - \varkappa_{gem} = a\sqrt[3]{m_3{}^2}$ bis zu Konzentrationen von $J \cong 5$ mol/kg gefunden, bei höheren Ionenstärken ist diese Differenz zwischen der in der Mischung gemessenen Leitfähigkeit und der Summe von $\varkappa_2$ und $\varkappa_3$ (einzeln gemessen) von m_3 wenig abhängig.

Quarternäre Ammoniumsalze zeigen in ternären Systemen sowohl in bezug auf $f_{\pm 2}$ wie auf $\varkappa_{gem}$ ein anormales Verhalten. Bestimmung der Exzeßvolumina wie der partiellen Molvolumina solcher Lösungen spricht dafür, daß solche Lösungen eine völlig andere, relativ stabile Struktur besitzen, als solche von stark hydratisierten anorganischen Salzen. Es wird ein Strukturmodell für beide Lösungstypen vorgeschlagen und die beobachteten Effekte werden damit interpretiert.

Auf die besonderen Schwierigkeiten in konzentrierten Lösungen, die verschiedenen Teilchenspezies zu erkennen und zu bestimmen, wird hingewiesen.

SITZUNGSBERICHTE DER SÄCHSISCHEN AKADEMIE DER WISSENSCHAFTEN ZU LEIPZIG

MATHEMATISCH-NATURWISSENSCHAFTLICHE KLASSE

Band 107

Heft 1 Prof. Dr. OTT-HEINRICH KELLER, Die Homologiegruppen der Flächen 3. Ordnung 1965. 15 Seiten – 8° – M 2,30

Heft 2 Prof. Dr. FRANZ RUNGE, Grignard und die nach ihm benannte Synthese 1966. 17 Seiten – 3 Abbildungen – 8° – M 2,30

Heft 3 Prof. Dr. KARL SCHMALFUSS, Zur Kenntnis der Bodenbildung 1966. 13 Seiten – 4 Tabellen – 8° – M 1,40

Heft 4 Dr. BODO RENSCHUCH, Verallgemeinerungen des Bezoutschen Satzes 1966. 41 Seiten – 8° – M 4,50

Heft 5 Prof. Dr. med. ROLF EMMRICH, Realität und Theorie des Alterns 1966. 20 Seiten – 9 Abbildungen – 8° – M 2,60

Heft 6 Prof. Dr. WILHELM MAIER, Nichteuklidische Volumina 1967. 20 Seiten – 16 Abbildungen – 8° – M 2,80

Heft 7 Dr. LOTHAR VON WOLFERSDORF, Zur Berechnung optimaler Strategien für Spiele über dem Einheitsquadrat mit an der Hauptdiagonalen unstetigen Auszahlungsfunktionen 1968. 53 Seiten – 8° – M 5,70

Band 108

Heft 1 Prof. Dr. PAUL GÖRLICH / Dipl.-Phys. DETLEF GÜLDNER / Dr. HANS-JOACHIM POHL, „Elektronische Spektralmessung" mit steuerbaren Photovervielfachern 1967. 12 Seiten – 9 Abbildungen – 1 Tabelle – 8° – M 2,10

Heft 2 Prof. Dr. MANFRED GERSCH, Neuroendokrinologie der Insekten 1968. 33 Seiten – 12 Abbildungen – 1 Kunstdrucktafel – 8° – M 4,–

Heft 3 Prof. Dr. HASSO ESSBACH, Die Bedeutung der Morphologie in der Heilkunde 1968. 16 Seiten – 1 Textabb. – 13 Abb. auf 8 Kunstdrucktaf., davon 11 vierfarbig – 8° – M 12,80

Heft 4 Prof. Dr. OTT-HEINRICH KELLER, Über eine Definition von S. Lefschetz in der topologischen Schnittheorie 1969. 29 Seiten – 1 Abbildung – 8° – M 4,–

Heft 5 Prof. Dr. WOLFGANG TUTSCHKE, Das Reziprozitätstheorem für eine Klasse pseudoholomorpher Funktionen mehrerer komplexer Variabler 1969. 19 Seiten – 8° – 3,30 M

Heft 6 Prof. Dr. Walter Brednow, Vom Lavater zu Darvin
1969. 31 Seiten — 14 Abbildungen im Anhang — 8° — M 5,50

Heft 7 Prof. Dr. Franz Runge, Organische Disulfimide in Wissenschaft und Technik
1970. 24 Seiten — 2 Abbildungen — 8° — M 3,60

Band 109

Heft 1 Prof. Dr. Erich Rammler, Über die Theorien der Braunkohlenbrikettentstehung
1970. 38 Seiten — 13 Abb., davon 2 auf 2 Kunstdrucktafeln. — 8° — M 4,—

Heft 2 Prof. Dr. Wolfgang Tutschke, Stammfunktionen komplexwertiger Funktionen
1970. 20 Seiten — 8° — M 3,70

Heft 3 Dr. habil. Günther Eisenreich, Zur Syzygientheorie und Theorie des inversen Systems perfekter Ideale und Vektormoduln in Polynomringen und Stellenringen
1970. 88 Seiten — 8° — M 11,—

Heft 4 Prof. Dr. med. Rolf Emmrich, Hochdruck und Hyperlipidämie (Hypercholesterinämie) als Risikofaktoren für die Entstehung der Arteriosklerosen
1971. 23 Seiten — 10 Abbildungen — 4 Tabellen — 8° — M 3,90

Heft 5 Prof. Dr. Hans Drischel, Biologische Rhythmen
1972. 57 Seiten — 31 Abbildungen — 1 Tabelle — 8° — M 6,60

Heft 6 Prof. Dr.-Ing. habil., Dr. h. c. Kurt Schwabe, Konzentrierte Elektrolytlösungen — Thermodynamische und kinetische Eigenschaften
Vorliegendes Heft

Heft 7 Prof. Dr. Wolfgang Tutschke, Konstruktion von globalen Lösungen mit vorgeschriebenen Singularitäten bei partiellen komplexen Differentialgleichungssystemen
1972. 24 Seiten — 8° — M 4,50

Einzel- oder Fortsetzungsbestellungen durch eine Buchhandlung erbeten

Sitzungsberichte bis Band 106
durch das Zentralantiquariat der Deutschen Demokratischen Republik, Leipzig,
ab Band 107 durch den Akademie-Verlag, Berlin, zum Teil noch lieferbar

THEORIA CUM PRAXI

AKADEMIE-VERLAG · BERLIN

FSC
www.fsc.org
MIX
Papier | Fördert gute Waldnutzung
FSC® C083411

Kolibri 360 GmbH
Ferdinand-Jühlke-Straße 7
99095 Erfurt, Deutschland
produktsicherheit@kolibri360.de